新手学
Excel 2016

Microsoft®

龙马高新教育◎编著

快 900张图解轻松入门 **学会**

好 70个视频扫码解惑 **完美**

U0195009

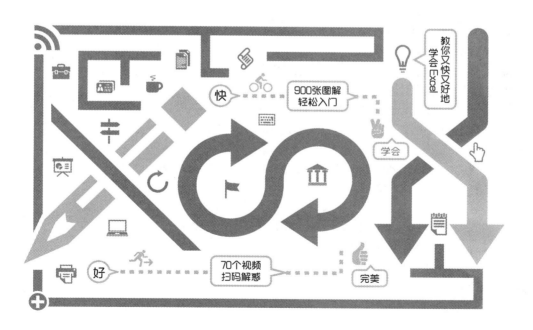

北京大学出版社

PEKING UNIVERSITY PRESS

内 容 提 要

本书通过精选案例引导读者深入学习，系统地介绍Excel 2016的相关知识和应用方法。

全书共11章。第1~2章主要介绍Excel 2016的基础知识，如单元格和工作表的操作等；第3~9章主要介绍Excel 2016的操作技巧，包括数据的高级输入、工作表的设计、公式与函数的使用、数据的管理与分析、专业图表的创建、数据透视表的创建和编辑，以及利用VBA实现Excel的自动化等；第10~11章主要介绍Excel 2016的高级应用方法，包括Office在移动办公设备中的应用和提升办公效率的方法。

本书不仅适合Excel 2016的初、中级用户学习使用，也可以作为各类院校相关专业学生和计算机培训班学员的教材或辅导用书。

图书在版编目（CIP）数据

新手学 Excel 2016 / 龙马高新教育编著 . —— 北京：北京大学出版社，2017.10
ISBN 978-7-301-28656-2

Ⅰ . ①新… Ⅱ . ①龙… Ⅲ . ①表处理软件 Ⅳ . ① TP391.13

中国版本图书馆 CIP 数据核字 (2017) 第 203349 号

书　　　名	新手学 Excel 2016	
	XINSHOU XUE Excel 2016	
著作责任者	龙马高新教育 编著	
责 任 编 辑	尹 毅	
标 准 书 号	ISBN 978-7-301-28656-2	
出 版 发 行	北京大学出版社	
地　　　址	北京市海淀区成府路 205 号　　100871	
网　　　址	http://www. pup. cn　　　新浪微博：@ 北京大学出版社	
电 子 信 箱	pup7@ pup. cn	
电　　　话	邮购部 62752015　发行部 62750672　编辑部 62580653	
印 刷 者	北京大学印刷厂	
经 销 者	新华书店	
	787 毫米 ×1092 毫米　16 开本　15 印张　297 千字	
	2017 年 10 月第 1 版　2017 年 10 月第 1 次印刷	
印　　　数	1—4000 册	
定　　　价	32.00 元	

·前言·

Preface

如今，计算机已成为人们日常工作、学习和生活中必不可少的工具之一，不仅大大地提高了工作效率，而且为人们生活带来了极大的便利。本书从实用的角度出发，结合实际应用案例，模拟真实的办公环境，介绍 Excel 2016 的使用方法与技巧，旨在帮助读者全面、系统地掌握 Excel 2016 的应用。

读者定位

本书系统详细地讲解了 Excel 2016 的相关知识和应用技巧，适合有以下需求的读者学习。

※ 对 Excel 2016 一无所知，或者在某方面略懂、想学习其他方面的知识。

※ 想快速掌握 Excel 2016 的某方面应用技能，如做表、分析数据、办公……

※ 在 Excel 2016 使用的过程中，遇到了难题不知如何解决。

※ 想找本书自学，在以后工作和学习过程中方便查阅知识或技巧。

※ 觉得看书学习太枯燥、学不会，希望通过视频课程进行学习。

※ 没有大量时间学习，想通过手机进行学习。

※ 担心看书自学效率不高，希望有同学、老师、专家指点迷津。

本书特色

➥ 简单易学，快速上手

本书以丰富的教学和出版经验为底蕴，学习结构切合初学者的学习特点和习惯，模拟真实的工作学习环境，帮助读者快速学习和掌握。

➥ 图文并茂，一步一图

本书图文对应，整齐美观，所有讲解的每一步操作，均配有对应的插图和注释，以便读者阅读，提高学习效率。

➜ **痛点解析，解除疑惑**

本书每章最后整理了学习中常见的疑难杂症，并提供了高效的解决办法，旨在解决在工作和学习的问题同时，巩固和提高学习效果。

➜ **大神支招，高效实用**

本书每章提供有一定质量的实用技巧，满足读者的阅读需求，也能帮助读者积累实际应用中的妙招，扩展思路。

◎ 配套资源

为了方便读者学习，本书配备了多种学习方式，供读者选择。

➜ **配套素材和超值资源**

本书配送了 10 小时高清同步教学视频、本书素材和结果文件、通过互联网获取学习资源和解题方法、办公类手机 APP 索引、办公类网络资源索引、Office 十大实战应用技巧、200 个 Office 常用技巧汇总、1000 个 Office 常用模板、Excel 函数查询手册等超值资源。

（1）下载地址

扫描下方二维码或在浏览器中输入下载链接：http://v.51pcbook.cn/download/28656.html，即可下载本书配套光盘。

提示：如果下载链接失效，请加入"办公之家"群（218192911），联系管理员获取最新下载链接。

（2）使用方法

下载配套资源到电脑端，单击相应的文件夹可查看对应的资源。每一章所用到的素材文件均在"本书实例的素材文件、结果文件 \ 素材 \ch*"文件夹中。读者在操作时可随时取用。

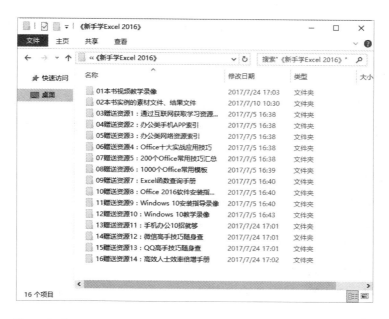

➜ 扫描二维码观看同步视频

使用微信、QQ 及浏览器中的"扫一扫"功能，扫描每节中对应的二维码，即可观看相应的同步教学视频。

➜ 手机版同步视频

用户可以扫描下方二维码下载龙马高新教育手机 APP，用户可以直接安装到手机中，随时随地问同学、问专家，尽享海量资源。同时，我们也会不定期向读者推送学习中的常见难点、使用技巧、行业应用等精彩内容，让学习更加简单高效。

💡 更多支持

本书为了更好地服务读者，专门设置了 QQ 群为读者答疑解惑，读者在阅读和学习本书的过程中可以把遇到的疑难问题整理出来，在"办公之家"群里探讨学习。另外，

群文件中还会不定期上传一些办公小技巧，帮助读者更方便、快捷地操作办公软件。

📧 作者团队

本书由龙马高新教育编著。刘华任主编，周熠玮、梁婷婷任副主编，参与本书编写、资料整理、多媒体开发及程序调试的人员有谢志祥、朱梦晗、黄榕、孔万里、周奎奎、张任、张田田、尚梦娟、李彩红、尹宗都、王果、陈小杰、左琨、邓艳丽、崔姝怡、侯蕾、左花苹、刘锦源、普宁、王常吉、师鸣若、钟宏伟、陈川和张允等。

在编写过程中，编者竭尽所能地为读者呈现最好、最全的实用功能，但仍难免有疏漏和不妥之处，敬请广大读者不吝指正。若在学习过程中产生疑问，或有任何建议，可以通过以下联系方式进行联系交流。

投稿信箱：pup7@pup.cn

读者信箱：2751801073@qq.com

读者交流 QQ 群：218192911（办公之家）

·目录·

Contents

第3章 **数据的高效输入技巧** **37**

第4章　设计赏心悦目的工作表 57

第 5 章

公式与函数的魅力——制作公司员工工资条.. 81

第8章 表格利器：数据透视表——各产品销售额分析报表 **157**

第9章 VBA 实现 Excel 的自动化 173

9

初识 Excel 2016

>>> Excel 2016 中添加了 6 种新图表，以帮助读者创建财务或分层信息中一些最常用的数据的可视化，以及显示数据中的统计属性。

>>> Excel 2016 中增加了新的一键式预测按钮。

>>> Excel 2016 中新加入了 3D 地图。

>>> Excel 2016 中新加入了快速形状格式设置。

>>> Excel 2016 中新加入了 "Tell Me" 功能。

>>> Excel 2016 中新加入了墨迹公式。

>>> Excel 2016 中新增了主题颜色。

想知道上面的新功能怎样用吗？来读这本书吧！

1.1 Excel 可以做什么

小白：Excel 在我的印象里好像只能做表格。

大神：也不完全是，Excel 是电子表格软件，不仅可以对数据进行记录、计算、统计、整理、分析等多项工作，还能够做出精美直观的图表。你别看它不起眼，Excel 小到能够帮你做个计算题，大到能够做一个公司的数据分析，更赞的是还能够对数据进行可视化呈现及交互式操作。

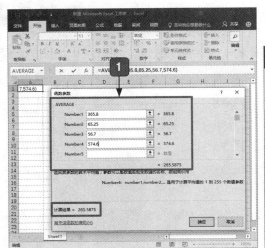

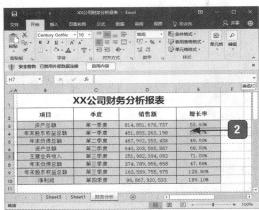

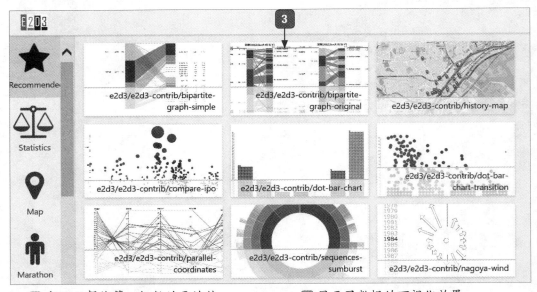

■1 它可以帮你算一组数的平均值。　　■3 显示了数据的可视化效果。

■2 对公司的数据进行分析。

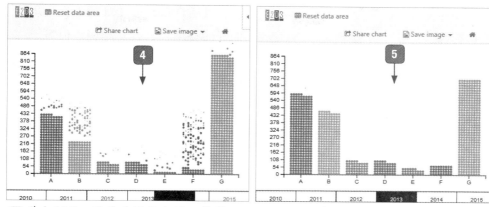

4 举个例子，这是系统给出的 7 种商品 2010 ～ 2015 年的数量变化。

5 当你单击下面的年份条时，效果就会显示出来。

1.2 让人刮目相看——Excel 在手机 / 平板电脑中的应用

一些上班族总是奔波在上下班的路上，但手边总是提着笔记本电脑难免有些不方便。为了办公更加方便和快捷，Office 也推出了手机版与平板版，从而实现了更方便的"掌上办公"。

相对于 iOS、Android 上其他的办公软件而言，微软官方的 Microsoft Office for iOS/Android 移动版，在文档兼容性、显示排版效果上更胜一筹。无论是复杂的排版、图标、Excel 公式，甚至是 PPT 的切换动画效果，都能完美呈现。

虽然 Office for iPad 版本在大屏幕上有更好的移动办公视觉体验，但对于大多数用户来说，只是偶尔用来应急，使用 Office Mobile 手机版，才是更加实用的选择，而且，手机版同样做得很精美。

1.3 一张表告诉你新手和高手的区别

操作　　　人群	新手	高手
打开多个 Excel 文件	操作逐个双击打开	选取多个文件按【Enter】键打开
新建一个 Excel 文件	【文件】→【新建】→【空白工作簿】	按【Ctrl + N】组合键
删除多个没用的 Excel 工作表	【逐个选取】→【右击】→【删除】	先删除一个，然后选中其他工作表按【F4】键直接删除
选中表格某些行	选中第一行，向下拖动	选中第一行，按住【Shift】键，单击要选择的最后一行
设置单元格格式	选中数值并右击，选择【设置单元格格式】选项，在打开的对话框中，选择【数字】→【数值】选项，选取相应的格式	打开格式下拉列表框，一键完成
输入日期	规规矩矩输入 2016-2-6	2-6
寻找重复行	排序，逐个看哪些是重复的	【开始】→【条件格式】→【突出显示单元格规则】→【重复值】

1.4 Office 2016 的安装与启动

要想使用 Excel 2016，需要先安装。Excel 2016 是 Office 2016 套装中的一部分，所以，用户需要安装 Office 2016。

1.4.1 Office 2016 的安装

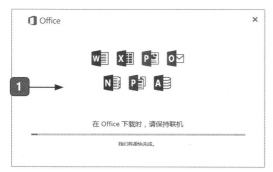

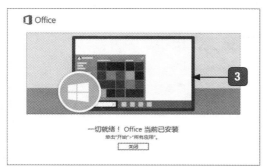

1 下载 Office 2016 安装包，找到文件名为 Setup.x64 的安装文件，启动安装程序。

2 显示安装界面。

3 安装成功！现在可以打开 Office 2016。

4 打开 Excel 2016 之后，用户会发现工作区上方提示 Office 未激活，单击【激活】按钮，输入激活码即可。

5 成功激活，现在可以放心使用了。

1.4.2　启动 Office 2016 的两种方法

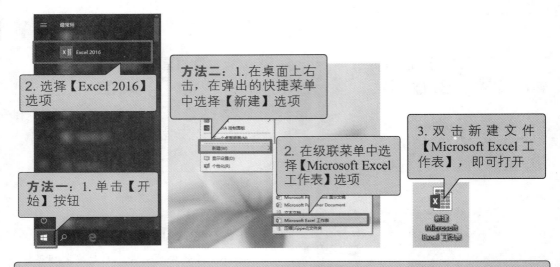

2. 选择【Excel 2016】选项

方法一：1. 单击【开始】按钮

方法二：1. 在桌面上右击，在弹出的快捷菜单中选择【新建】选项

2. 在级联菜单中选择【Microsoft Excel 工作表】选项

3. 双击新建文件【Microsoft Excel 工作表】，即可打开

> **提示：**
> Excel 2016 在安装完毕之后不会在桌面上显示快捷方式，用户可以手动在桌面上进行添加。

1.4.3　退出 Office 2016 的 4 种方法

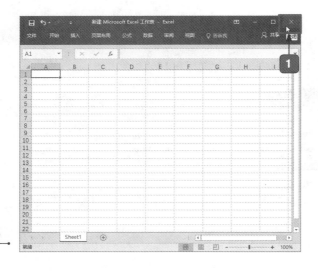

1 方法一：直接单击右上角的关闭按钮。

2 方法二：在屏幕下方任务栏中右击 Excel 文档，单击【关闭窗口】按钮。

3 方法三：打开【文件】
选项卡，选择【关闭】
选项。

4 方法四：利用快捷键，
按【Alt+F4】组合键，
直接退出。

1.4.4 在手机中安装 Excel

1 在手机中的应用商店找到
"Microsoft Excel"安装文件。

2 点击【安装】按钮。

3 下载成功后，用户能够在手
机桌面上看到 Excel 的图标，
点击图标即可打开使用。

1.5 随时随地办公的秘诀——Microsoft 账户

有很多上班族经常会到外地出差，没有自己的笔记本电脑，但又想用一些自己的文件，该怎么办呢？微软 Microsoft 账户可以解决这个问题。

在 Windows 10 系统中可以注册一个 Microsoft 账户，用户可以将文件保存到个人账户的云存储中，既方便与他人共享文件，也方便个人随时随地取用文件。

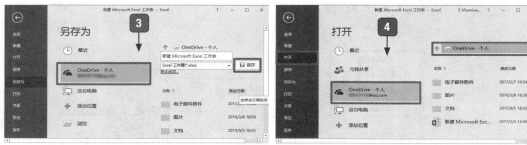

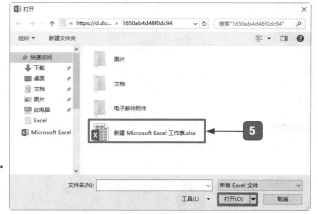

1 在工作表中选择【文件】选项卡。

2 选择【共享】选项卡，单击【保存到云】按钮。

3 选择【OneDrive-个人】选项，然后保存 Excel 文件即可。

4 当需要再次打开文件时，同样在【文件】选项卡中，选择【打开】选项卡，在打开的界面中选择【OneDrive-个人】选项。

5 在【打开】对话框中选择需要的文件，单击【打开】按钮即可。

1.6 提升你的办公效率——如何安排 Excel 的工作环境

Excel 的默认设置用着不顺手吗？总是需要寻找按钮吗？这一节就来教你如何提升办公效率。

1 在标题栏左上方单击下拉按钮，就能选择自定义快捷访问工具，这里的功能虽然很少，但用起来都很方便快捷。

2 在下拉菜单中可以任意选择所需要的快速访问工具。

3 还可以选择【文件】选项卡。

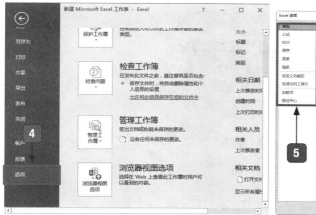

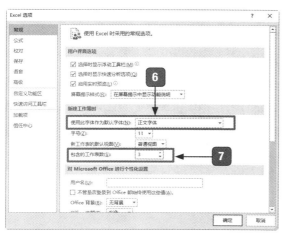

4 在左侧选择【选项】选项。

5 在【Excel 选项】对话框里可以选择设置便于工作的常规选项、语言等，以及其他高级选项。

6 例如，设置默认字体为【正文字体】。

7 设置包含的工作表数为【3】。

> **提示：**
> 当然了，在这里并不局限于这几种设置方式，你可以根据自己的习惯来更改设置。

痛点解析

有时候是不是会经常找不到某个按钮或者某个选项在哪里呢？你只要"告诉我你想要做什么"就可以了。

像这样，输入【插入工作表】，自动显示下拉列表可供选择。

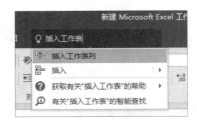

大神支招

问：如何管理日常工作生活中的任务，并且根据任务划分优先级别？

Any.Do 是一款帮助用户在手机上进行日程管理的软件，支持任务添加、标记完成、优先级设定等基本服务，通过手势进行任务管理等服务，如通过拖放分配任务的优先级、通过滑动标记完成任务、通过抖动手机从屏幕上清除已完成任务等。此外，Any.Do 还支持用户与亲朋好友共同合作完成任务。用户新建合作任务时，该应用提供联系建议，对那些非 Any.Do 用户成员也支持电子邮件和短信的联系方式。

1. 添加新任务

1 下载并安装 Any.Do，进入主界面，单击 ● 按钮。

2 输入任务内容。

3 单击【自定义】按钮，设置日期和时间。

4 完成新任务的添加。

2. 设定任务的优先级

1 进入所有任务界面，选择要设
定优先级的任务。

2 单击【星形】按钮。

3 按钮变为黄色，将任务优先级
设定为【高】。

3. 清除已完成任务

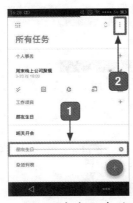   

1 已完成任务将会自动添加删除线，单
击其后的【删除】按钮即可将其删除。

2 如果有多个要删除的任务，单击该按钮。

3 选择【清除已完成】选项。

4 单击【是】按钮。

5 已清除完成任务。

第2章

单元格和工作表的操作——制作采购信息表

>>> 如果你需要移动一部分数据怎么办？

>>> 如果你想要删除一部分单元格怎么办？

>>> 你知道删除单元格后，会带来什么后续影响吗？
又该如何处理呢？

>>> 如果你想隐藏一部分数据，不让别人看怎么办？

看完本章你将解决这些难题！

2.1 选定单元格

什么是单元格呢？顾名思义，它是一个"单元"，呈网格状，是组成表格的最小单位，每一行列交叉就是一个单元格。通俗地讲，当打开 Excel 时，你所看到中心的大工作区由许多小格组成，这里的小格就称为"单元格"。只有选定单元格之后，才能够在表格中进行编辑和输入工作所需的内容。

Excel 2016 提供了多种选定单元格的方法，包括使用鼠标选定、键盘选定、按条件选定，你可以在多种方法中选择你喜欢的方式来选定单元格。

2.1.1 使用鼠标选定单元格

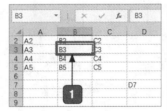 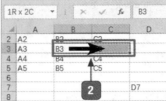

1️⃣ 只需要选中一个单元格时，直接单击该单元格。

2️⃣ 选中连续的单元格，按住鼠标左键，从第一个拖动到最后一个单元格即可。

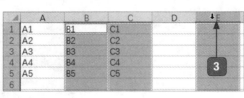 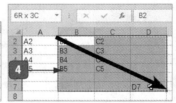

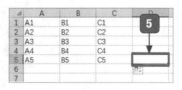 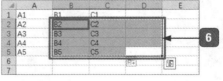

3️⃣ 若选择整行整列，单击行号及列标即可。选择不连续的行时，按下【Ctrl】键地同时选定行号即可。

4️⃣ 单击【B2】单元格不放，拖动鼠标到【D7】单元格即可选定图中所示的矩

形单元格。

5️⃣ 选中一个单元格，按住【Shift】键。

6️⃣ 单击【B2】单元格，即可选中两单元格间成矩形的所有单元格。

2.1.2 使用键盘选定单元格

使用键盘选定单元格有多种方法，常用的有两种：使用【Ctrl+A】组合键将单元格全部选中；选定指定区域的单元格，可以用【Shift+ 方向键】组合键选定。

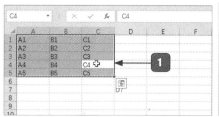

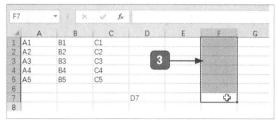
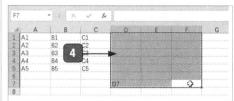

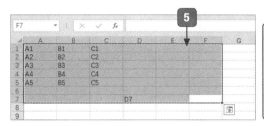

提示：

在利用【Ctrl+Shift+ 方向键】组合键时，如果在没有数据的区域使用，则会选中某一个方向所有的行或列。

1️⃣ 选中一个单元格，按【Ctrl+A】组合键，单元格周围有数据的单元格将被选中。

2️⃣ 再次按【Ctrl+A】组合键，整个工作簿的所有单元格都将被选中。

3️⃣ 选中一个单元格，按住【Ctrl + Shift】组合键的同时按上方向键，可向上选中。

4️⃣ 继续按住【Ctrl + Shift】组合键的同时按左方向键，可向左选中单元格。

5️⃣ 继续按住【Ctrl + Shift】组合键的同时再按左方向键，能选中单元格以左的更多单元格。

2.1.3 按条件选定单元格

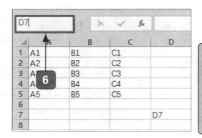

提示：
　　定位的快捷键是【Ctrl+G】或【F5】，这样可以直接弹出定位条件，选择条件即可。

1 单击【开始】→【编辑】→【查找和选择】按钮。

2 选择【定位条件】选项。

3 选中【空值】单选按钮。

4 单击【确定】按钮。

5 工作区内的空值都被选中。

6 在名称框内输入要选定的单元格的名称，可以直接选择单元格。

7 输入要选定的单元格后，按【Enter】键就能选中单元格。

2.2 单元格操作

在使用 Excel 的时候，要是编辑的内容错误，或者编辑的内容放错了单元格，该怎样简单快速地移动呢？编辑的两个单元格的内容一样，该怎样处理呢？

2.2.1 移动复制单元格

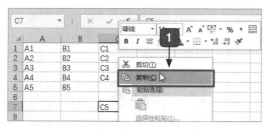

1 右击要复制移动的单元格，在弹出的快捷菜单中选择【复制】选项。

2 右击目标单元格，粘贴即可。

另外，你也可以直接在单元格上快速地操作。

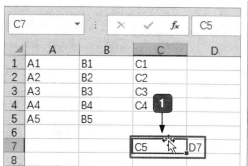

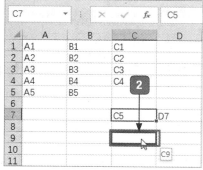

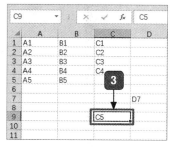

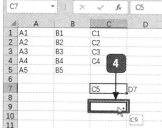

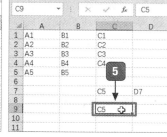

1 将鼠标指针移动到选中单元格的边缘，指针变成形状。

4 如果放开鼠标之前，按下【Ctrl】键，鼠标上会有一个【+】提示。

2 按住鼠标左键，拖动鼠标到指定位置。

3 松开鼠标即可完成移动单元格的操作。

5 松开鼠标后两个单元格都会有数据，即复制单元格完成。

2.2.2 选择性移动复制

小白：大神，我想把在这个表格里做的数据复制到另一个表格中，可是两个表格的字体大小不一样，怎么办呢？

大神：这好办，你可以对它进行"选择"呀！

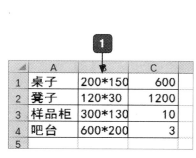

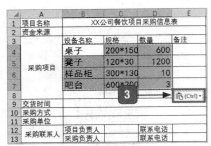

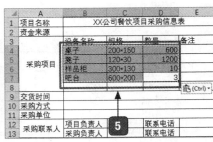

1️⃣ 可能你想要复制的数据是这样的。我们先选中数据，按【Ctrl+C】组合键复制。

2️⃣ 打开你想要粘贴填充的表格，选中你需要的单元格范围，按【Ctrl+V】组合键粘贴。

3️⃣ 单击已粘贴区域右下角 按钮。

4️⃣ 在下拉列表中的粘贴数值栏中选择【值】选项（即图标 ），即可只粘贴原文本内容。

5️⃣ 选择性移动复制数据的效果。

2.2.3 插入单元格

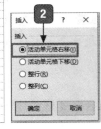

1️⃣ 右击，在出现的快捷菜单中选择【插入】选项。

2️⃣ 弹出【插入】对话框，选中【活动单元格右移】单选按钮。

3️⃣ 插入单元格的效果如图，原来的 C4 和 D4 都右移了一个单元格。

2.2.4 插入行或列

行列数目太少不够用？【插入】选项来帮你。

1.插入行

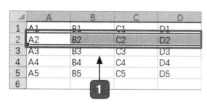

1 选中需要插入的行。

2 在被选中的区域右击，在出现的快捷

菜单中选择【插入】选项。

3 插入行的效果如图，新的一行插入。

2.插入列

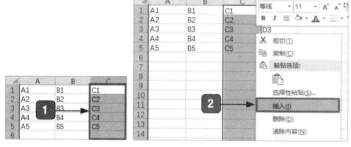

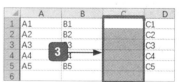

1 选中想要插入的列。

2 在选中区域的任意位置右击，在出现

的快捷菜单中选择【插入】选项。

3 插入列的效果。

2.2.5 删除单元格

单元格添加错误？单元格重复？没关系，你可以一键将它删除。

1 选中要删除的单元格【C3】并

右击，在出现的快捷菜单中选

择【删除】选项。

提示：

如果只需要删除单元格中的内容，而

不希望其他单元格移动，只需选择【删除】

下方的【清除内容】选项即可。

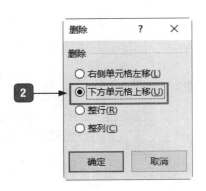

② 可以根据你的需求选择不同的删除方式，这里选中【下方单元格上移】单选按钮，单击【确定】按钮。

③ 删除单元格的效果如图所示。

2.3 工作表操作

所谓工作簿，就是指在 Excel 环境中用来储存并能够处理工作数据的文件，即我们在桌面上新建的 Excel 文档，它是 Excel 工作区中一个或多个工作表的集合。每一本工作簿可以拥有许多不同的工作表，所以说工作表是包含在工作簿中的。

"工作表"在 Excel 中可是"老大"，工作所需的表格都需要在它的基础上建立，下面就来讲一讲如何建立并操作工作表。

2.3.1 新建工作表

首先在计算机中打开 Excel 2016。

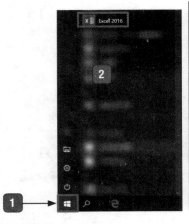

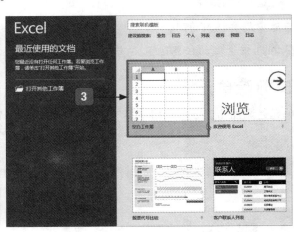

① 单击【开始】按钮。

② 选择【Excel 2016】选项。

③ 进入 Excel 后，单击【打开其他工作簿】。

按钮，在打开的界面中可以看到许多工作模板，选择【空白工作簿】模板，即可新建空白工作簿。

一个表不够用？想多新建几个工作表？当然没问题了！

1 单击 ⊕ 按钮。

2 效果如图。

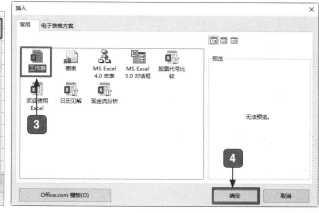

1 或者右击【Sheet1】工作表。

2 在出现的快捷菜单中选择【插入】命令。

3 在弹出的【插入】对话框中，选择【常

用】选项卡内的【工作表】选项。

4 单击【确定】按钮。

> **提示：**
> 效率太低？眼花缭乱找不到？那你也可以直接按【Shift+F11】组合键，就可以插入工作表。

2.3.2 切换工作表

2.3.1 节我们学习了如何新建多个工作表，那工作时一定会在多个工作表间切换，我们都知道，直接单击工作表标签就能切换工作表，但工作讲究的是效率，下面还要告诉你一些不为人熟知的小技巧。

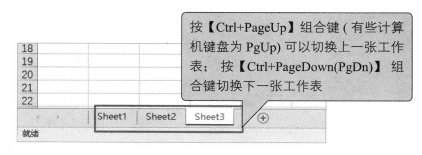

按【Ctrl+PageUp】组合键（有些计算机键盘为 PgUp）可以切换上一张工作表；按【Ctrl+PageDown(PgDn)】组合键切换下一张工作表

当然，如果我们新建的表格数目过多，那么使用快捷键也未必会给我们带来方便，别急，我们还有别的办法。

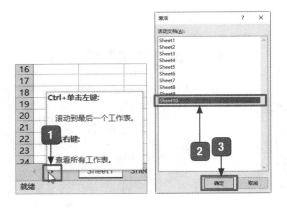

① 右击滚动条滑块。

② 弹出【激活】对话框，选择你想要切换的工作表。

③ 单击【确定】按钮。

2.3.3 移动复制工作表

1. 在当前工作表中移动复制

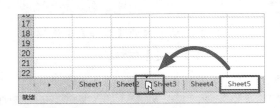

方法 1

在【Sheet5】工作表名称处按住鼠标左键，拖动标签到你想要移动到的位置处，黑色倒三角形即表示工作表移动到的位置。

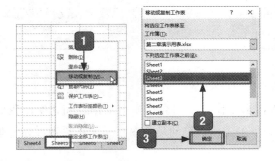

方法 2

① 右击你想要移动的工作表，选择【移动或复制】选项。

② 在弹出的对话框中选择你想移动到的位置（注意，只能移动到下列选定工作表之前）。

③ 单击【确定】按钮。

2. 工作簿间移动复制工作表

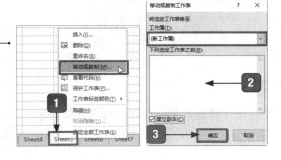

① 与在当前工作表中移动复制方法二相同，右击你想要移动或复制的工作表，选择【移动或复制】选项。

② 在弹出的对话框中选择你想要移动到的其他工作簿，此处我们选择【（新工作簿）】选项；如果想要复制工作簿，还需选中【建立副本】复选框。

③ 单击【确定】按钮。

2.3.4 重命名与删除工作表

1. 重命名表

右击需要重命名的工作表，在弹出的快捷菜单中选择【重命名】选项，当工作表标签被选中时再输入你想要修改的名称，修改好后按【Enter】键，就可以了。

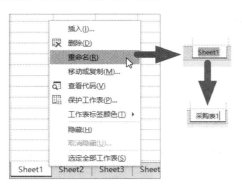

2. 删除表

如果你不想要这个工作表了，那么可以右击你要删除的工作表，选择【删除】选项即可。

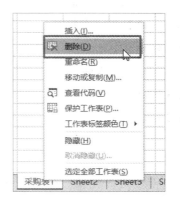

2.3.5 设置工作表的默认数量

1 选择左上角【文件】选项卡。

2 在打开的界面中选择【选项】选项。

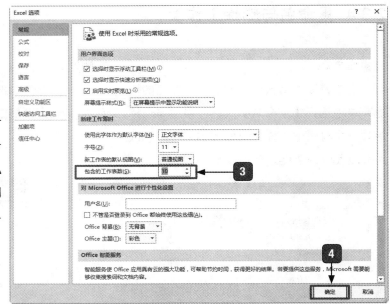

3 打开【Excel 选项】对话框,在【常规】选项【新建工作簿时】栏中【包含的工作表数】的微调框中输入你想预设的工作表默认数目。

4 单击【确定】按钮。

注明:(以默认 10 个工作表为例)重新创建之后就能看到 10 个默认的工作表啦,如下图所示。

2.3.6 隐藏操作

1.基于工作表的隐藏操作

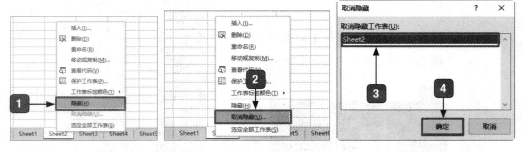

1 隐藏工作表:右击需要隐藏的工作表,在弹出的快捷菜单中选择【隐藏】选项。

2 取消隐藏工作表:右击工作表标签的任意位置,选择【取消隐藏】选项。

3 在弹出的对话框中选择想要取消隐藏的工作表。

4 单击【确定】按钮。

2. 隐藏行

1. 隐藏行：将鼠标指针移动至想要删除的行，当指针出现指向右侧的黑色箭头时，单击选中该行。
2. 在该行上右击，在出现的快捷菜单中选择【隐藏】选项。
3. 取消隐藏行：选中隐藏行的前后两行并右击，在出现的快捷菜单中选择【取消隐藏】选项。

3. 隐藏列

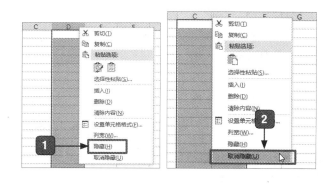

1. 隐藏列：与隐藏行方法相同，选中想要隐藏的列并右击，在弹出的快捷菜单中选择【隐藏】选项。
2. 取消隐藏列：选中隐藏列的前后两列并右击，选择【取消隐藏】选项。

2.4 调整行高和列宽

在 Excel 2016 中，工作表的行高与列宽都是系统默认的，以下两种方法可以改变行高与列宽。

2.4.1 使用鼠标调整行高和列宽

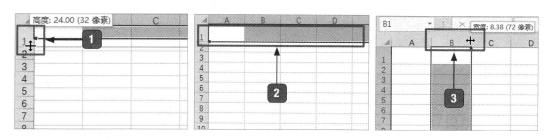

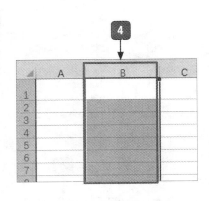

1. 选中需要修改行高的行，将鼠标指针移动至行序号 1
   和 2 之间，当指针变成 ╪ 形状时，按住鼠标左键向下
   拖动至需要调整的高度。

2. 鼠标调整行高效果。

3. 选中需要修改列宽的列，将鼠标指针移动至列序号 B
   和 C 之间，当指针变成 ╫ 形状时，按住鼠标左键向
   右拖动至需要调整的宽度。

4. 鼠标调整列宽效果。

2.4.2 使用功能区调整行高与列宽

1. 调整行高

1. 选中需要改变行高的行并右击。

2. 在出现的快捷菜单中选择【行高】选项。

3. 在【行高】数值框中输入【25】。

4. 单击【确定】按钮。

5. 使用功能区调整行高效果。

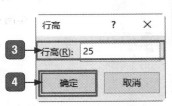
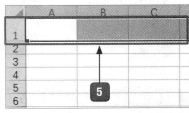

2. 调整列宽

1. 选中需要改变列宽的列并右击。

2. 在出现的快捷菜单中选择【列宽】选项。

3. 在【列宽】数值框中输入【15】。

4. 单击【确定】按钮。

5. 使用功能区调整列宽效果。

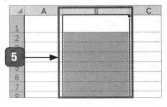

2.5 工作簿的安全

安全是"互联网+"时代的首要问题，我们做 Excel 表格，同样也要注意安全问题。

2.5.1 设置打开工作簿的密码

你可能制作了一些不想被别人看到的秘密工作簿，那肯定得上锁，设置一个密码，这样你的工作簿才安全，想要打开它只有输入你设置的密码才可以。那么接下来就通过图解的方法带你学习如何设置打开工作簿的密码。

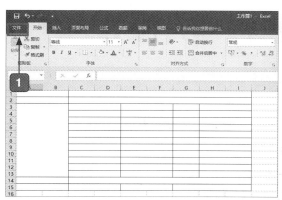

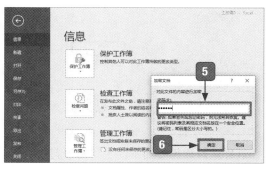

1️⃣ 选择【文件】选项卡。

2️⃣ 在打开的界面中选择【信息】选项。

3️⃣ 在打开的【信息】界面中单击【保护工作簿】图标。

4 在出现的列表中单击【用密码进行加密】图标。

5 在打开的【加密文档】对话框中输入你想设置密码,如输入【123456】。

6 单击【确定】按钮。

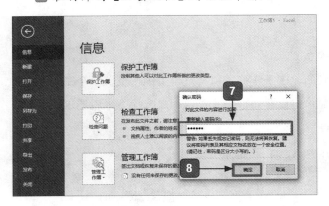

7 在出现的【确认密码】对话框中,重新输入第一次所输的密码【123456】。

8 单击【确定】按钮。

最后就是要保存你加密的工作簿。

9 选择【保存】选项。

10 在打开的【另存为】界面中选择你想保存的位置,如选择【这台电脑】选项。

11 然后在文件名文本框中输入名称。

12 单击【保存】按钮。

13 再次打开文件,就只能在出现的【密码】对话框中输入密码后才能够查看文件。

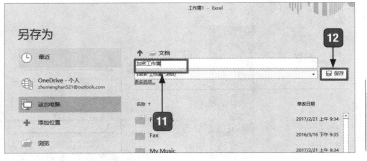

这样就对你想要加密的工作簿设置了密码。

2.5.2 设置打开工作簿为只读方式

双击 Excel 2016 图标打开 Excel 窗口,然后就让大神带领你学习如何设置你的工作簿为只读打开方式。

1. 选择【打开其他工作簿】选项。

2. 选择【打开】选项，在【打开】界面中单击【浏览】图标。

3. 在【打开】对话框中找到需要打开的工作簿。

4. 单击【打开】按钮后面的下拉按钮，在出现的菜单中选择【以只读方式打开(R)】选项。

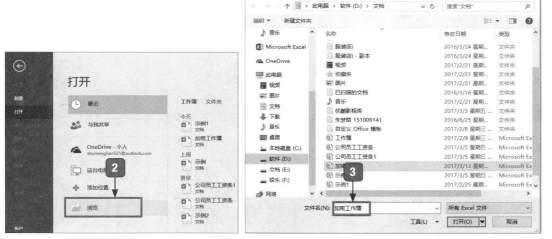

如果你之前给工作簿设置了密码，那么选择【以只读方式打开 (R)】选项之后会弹出如下输入密码的提示界面。

5. 在出现的【密码】对话框中输入密码。

6. 单击【确定】按钮。

7. 再次打开工作簿之后，界面标题栏就会显示【只读】方式。

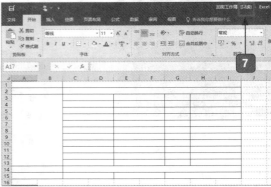

2.6 综合实战——制作采购信息表

学习了 Excel 2016 的一些基本操作，是不是想要尝试做个表格？那我们就来做一个简单的采购信息表吧。

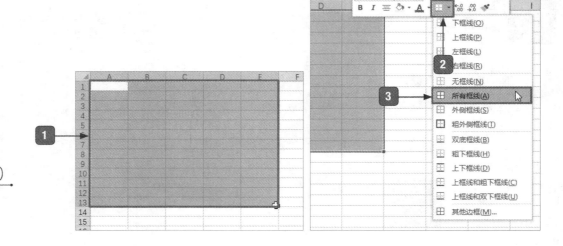

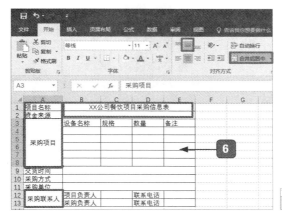

1 选中一部分表格，用来做采购表。

2 右击，在出现的快捷菜单中单击【下框线】右侧的下拉按钮。

3 在出现的下拉菜单中选择【所有框线】

选项。

4 在表格中输入需要的项目内容。

5 如果表格中的行高和列宽不合适，就可以通过改变行高或列宽来调整。

6 如果某几行出现重复的项目，那么可以将重复的项目选中并将其【合并后居中】。

7 修改工作表名称为【采购信息表】。

8 设置格式后的采购信息表。

痛点解析

痛点 1：恢复未保存的工作簿

有时我们会因为操作有误而关闭 Excel 2016，如果此时工作簿还没有保存，也不必慌，Excel 自有办法。

有时当我们打开未保存文件时，会有【文档恢复】的提示，我们可以直接单击文件直接恢复

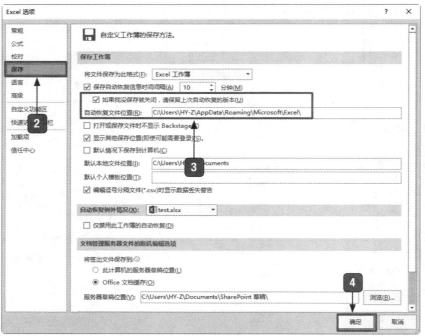

1 在打开的界面中选择【文件】→【选项】选项。

2 在打开的【Excel 选项】对话框中选择【保存】选项。

3 在保存工作簿中选中【如果我没保存就关闭，请保留上次自动恢复的版本】复选框，并选择自动恢复文件位置。

4 单击【确定】按钮。

5 在打开的界面中选择【文件】→【打开】选项。

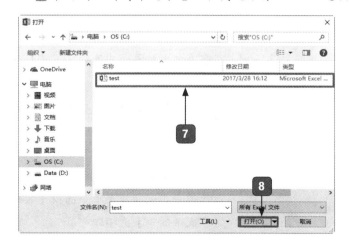

6 在右侧窗格中单击【恢复未保存的工作簿】按钮。

7 在【打开】对话框中选中所需要恢复的工作簿。

8 单击【打开】按钮即可恢复。

痛点 2： 删除最近使用的工作簿记录

由于工作需要，如果我们不希望他人看到最近使用的工作文件，那么，Excel 能帮你清除这些记录。

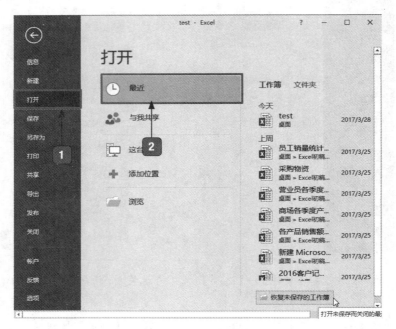

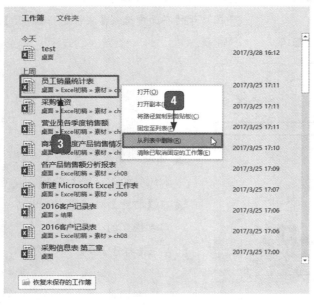

1 在打开的界面中选择【文件】→【打开】选项。

2 在【打开】界面中单击【最近】图标。

3 在最近使用过的工作簿列表中右击需要删除记录的文件。

4 在出现的快捷菜单中选择【从列表中删除】选项即可。

问：需要和在外地的多个同事开个会议，一个个打电话，耗时又费力，怎样可以节省时间呢？

使用 QQ 软件自带的讨论组的视频电话功能即可解决，视频会议较传统会议来说，不仅节省了出差费用，减免了旅途劳顿，在数据交流和保密性方面也有很大提高，只要有计算机和电话就可以随时随地召开多人视频会议。

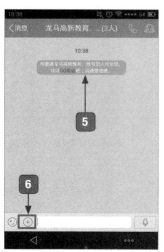

1 在QQ主界面点击【选项】按钮。

2 在出现的下拉菜单中选择【创建讨论组】选项。

3 选择要创建讨论组的对象。

4 点击【创建】按钮。

5 完成讨论组的创建。

6 点击【添加】按钮。

7 点击【视频电话】按钮。

8 所有成员加入后，点击【摄像头】按钮，即可开始视频会议。

9 点击【邀请成员】按钮，即可继续添加新成员。

第3章

数据的高效输入技巧

>>> 你是不是也发现了，当输入身份证号码的时候结果居然不对？

>>> 你是不是发现别人在输入货币的时候前面有"￥"的符号？

>>> 如果要输入一串有规律的数据，你还在一个一个地"敲键盘"吗？

如果你真会输入数据，那可真是飞一般的感觉，来吧，本章带你飞……

3.1 问题的根源：数据的规范

大多数人在意表格的美观性，却忽略了数据的实用性和有效性，于是在使用过程中会出现种种问题，本节就来说一说数据的规范。

3.1.1 Excel 数据输入规范的重要性

不规范的数据源给我们带来了太多的烦恼，下面介绍几种常见的问题。

1. 勿用合并单元格

合并单元格的存在很微妙，妙在能让用户更加直观地观察工作表，但是它在需要对数据进行汇总和处理的工作表中是不可用的，原因在于规范的数据源表格需要将所有的单元格都填满。

下面举例说明对工作表数据进行筛选、排序时发生的错误。下图为"员工销量统计表"。

姓名	日期	名称	数量
小A	3月7号	G124	131
	3月8号	G216	142
	3月9号	G209	88
小B	3月7号	G231	210
	3月8号	G299	164
	3月9号	G146	96

筛选：需要筛选"小 A"的信息，得到的筛选结果如下图所示。但显然筛选结果是不正确的，关于"小 A"的信息有 3 条而结果却只有 1 条。

姓名	日期	名称	数量
小A	3月7号	G124	131

排序：若需要对数量进行排序，则系统会出现以下提示。

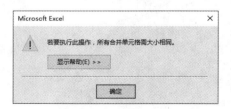

2. 勿把标题放入工作表

常常在 Excel 表格里看到如下左图中的标题，其实这是错误的。Excel 的首行用于显示每列数据的属性，正如表中的"姓名""日期""名称"等，是进行数据排列和筛选的字段依据。而左图的表格只是想告诉大家它是什么表格，除此之外没有什么作用，那为什么不直接像右图一样在标题栏和工作表标签处标识呢？Excel 本就提供这样一种可以直观看到标题的方法。

3. 勿用空行或空列

例如，在"员工销量统计表"中第 6 行用了空白行隔断了"小 A"与"小 B"之间，如下图所示，这是为了用户能更加直观地看到他们各自的销售情况，但是保持数据的连续性是非常重要的。当你需要对数据进行筛选的时候，如果没有空白行，选中其中任意一个单元格就行了，如果有空白行，你必须选中所有的单元格才可以进行筛选。不仅筛选如此，公式、排序等操作都会出现这样的问题。隔断数据的方法还有利用单元格边框及套用单元格等。

3.1.2 Excel 对数据量的限制

有时候我们需要写的数据错了，连自己都不知道为什么，有可能会带来不必要的麻烦，如果给输入的数据格式加一个限制范围，就能够避免这种问题的出现。

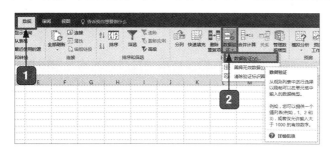

1 选择【数据】选项卡。

2 单击【数据验证】按钮，在出现的下拉菜单中选择【数据验证】选项。

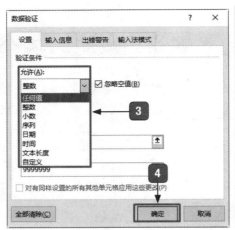

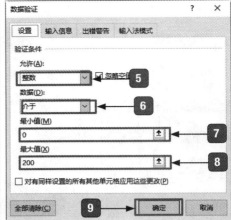

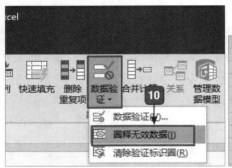

③ 弹出的【数据验证】对话框，在【验证条件】栏的【允许】列表框中选择需要的数据类型。

④ 删除步骤及图注，其后顺序调整。

⑤ 这里在【允许】列表框中选择【整数】选项。

⑥ 在【数据】列表框中选择【介于】选项。

⑦ 在【最小值】数值框中输入最小值【0】。

⑧ 在【最大值】数值框中输入最大值【200】。

⑨ 单击【确定】按钮。

⑩ 再次单击【数据验证】按钮，在出现的下拉列表中选择【圈释无效数据】选项。

⑪ Excel 对数据量的限制效果。

3.1.3 统一日期格式

　　有的人喜欢用日月年或月日年来表示日期，而有的人则喜欢用年月日，又或者用阿拉伯数字来表示日期，正式公文的时候又是另一种写法，于是强大的 Excel 贴心地为用户提供了多种不同的日期格式，用户可以随心所欲去自主设置。

1 选中单元格 B2：B8。

2 右击，在弹出的快捷菜单中选择【设置单元格格式】选项。

3 打开【设置单元格格式】对话框，在【分类】列表框中选择【日期】选项。

4 在【类型】列表框中选择【2012 年 3 月 4 日】格式。

5 单击【确定】按钮。

6 统一日期格式效果。

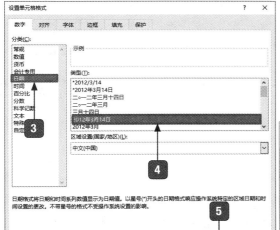

3.1.4 数据与单位的分离

在录入信息时，通常会将数据与其单位分离写在不同的单元格中，这样方便了数据的运算，但是也会出现数据与单位出现在同一个单元格的情况，这时就要运用公式进行分离。

① 打开一个空白工作簿，在 A1:A5,B1,C1 中输入文本。

② 在 B2 单元格中输入公式："=LEFT(A2,SUMPRODUCT(--ISNUMBER(--LEFT(A2,ROW(INDIRECT("1:"&LEN(A2)))))))"；在 C2 单元格中输入公式："=SUBSTITUTE(A2,B2,"")"。

③ 输入公式按【Enter】键后的效果图。

3.2 单元格数据快速输入技巧

Excel 提供了多种数据快速输入的方法，如【Enter】键、【Tab】键、【F4】键等。

3.2.1 行用【Enter】键，列用【Tab】键

看到这个标题的时候，你一定在想，鼠标也能够进行数据的输入，为什么需要用【Enter】键、【Tab】键呢？当如排山倒海式的数据接踵而来的时候，直接运用键盘完成显然效果好，于是就有了行用【Enter】键，列用【Tab】键。就是当你需要进行换行单元格（即上下单元格）的时候，用【Enter】键，当你需要进行换列单元格（即左右单元格）的时候，用【Tab】键。

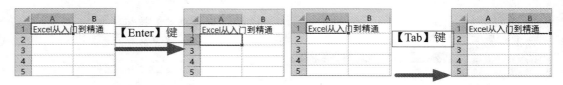

3.2.2 记忆式输入

Excel 表格系统默认为单元格值启用记忆式输入。例如，需要职位信息录入时，有"教师""教授""院长""研究员"等。当我们已经输入好几行职位后，再一次输入一个"院"字，单元格会自动显示出"院长"，这样在大量的数据录入时，就可以大大减少时间，提高效率。

	A	B	C	D
1	姓名	联系方式	职位	
2	小A	155********	教师	
3	小B	138********	教授	
4	小C	131********	院长	
5	小D	154********	研究员	
6	小E	187********	副院长	
7	小F	150********	院长	
8				

1. 最常见的方法——使用鼠标

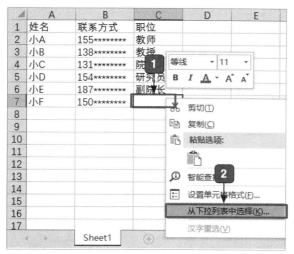

1 选中需要输入职位的单元格并右击。

2 在弹出的快捷菜单中选择【从下拉列表中选择】选项。

3 即可在出现的列表中选择职位。

2. 最便捷的方法——通过快捷键

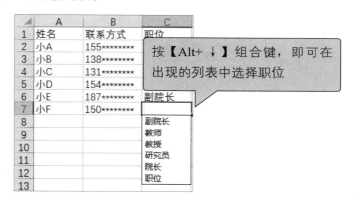

按【Alt+↓】组合键，即可在出现的列表中选择职位

3.3 数值型数据的输入技巧

数值输入看似简单，可是里面却有很多门道……

3.3.1 0开头数据的输入

在 Excel 的默认中，如果输入以"0"为首的字符串，系统会自动省略。要想保留着0，就要有特殊的办法。

1. 最常见的方法——使用功能区

1️⃣ 选中一个单元格。

2️⃣ 在【开始】选项卡中单击【数字】
组右下角的【数字格式】按钮。

3️⃣ 打开【设置单元格格式】对话框，
在数字选项卡分类列表框中选择
【文本】选项。

4️⃣ 单击【确定】按钮。

2. 最便捷的方法——通过输入英文单引号

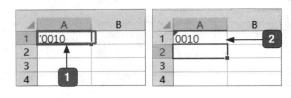

1️⃣ 在要输入数据 0 的单元格里输
入英文单引号。

2️⃣ 按【Enter】键后的效果。

3.3.2 长数字的输入

　　如今任何活动都需要实名登记，于是在 Excel 中就会涉及长数字的输入，但是默认的 Excel 单元格的格式显示不出完整的数字，那是因为超过 12 位的数字会以科学记数法显示，也就是大家常看到的 E 的出现。本节教会大家显示完整数据。

1 在单元格内输入身份证号码。

2 在【开始】选项卡中单击【数字】组右下角的【数字格式】按钮。

3 打开【设置单元格格式】对话框，在分类列表框中选择【文本】选项。

4 单击【确定】按钮。

5 输入长数字后的效果。

3.4 日期型数据的输入技巧

在有些表格的制作需求中都需要输入当前时间，手动输入太慢太复杂？别急，快捷键来帮你。

3.4.1 当前日期的快速输入

提示：

本书所有的素材和结果文件，请根据前言提供的下载地址进行下载。

1 打开"素材 \ch03\ 员工销量统计表 .xlsx"文件，选中需要输入时间的单元格。

2 按【Ctrl+；】组合键，即可快速生成当前日期。

3 按【Ctrl +Shift +；】组合键，即可快速生成当前时间。

3.4.2 日期的批量输入

1. 在一个单元格内输入时间。

2. 想要批量输入时间时，可以将鼠标指针移至单元格右下角至指针变成十形状。

3. 按住鼠标左键向下方单元格拖动。

4. 单击按钮，在出现的下拉列表中选中【复制单元格】单选按钮，即可输入相同的时间了。

3.5 文本型数据的输入技巧

小白：大神，文本型数据是什么呢？

大神：它是指 TXT 等文本类型的数据，数值型数据 25 与数字文本 25 的区别在于：前者能够进行算术计算，后者只表示字符"25"。

小白：那它有什么实质性的用处呢？

大神：有时在 Excel 中需要输入身份证号码等文本，在正常格式下输入的身份证号码不会显示，这就要用到文本型数据了。

1. 在 Excel 的默认输入格式中，输入身份证号码之后是这样的。

2. 选中想要修改格式的单元格并右击在弹出的快捷菜单中选择【设置单元格格式】选项。

46

3 打开【设置单元格格式】对话框，在分类列表框中选择【文本】选项，单击【确定】按钮。

4 这样就可以显示为文本格式的身份证号码了。（这里的身份证号码是随意编辑的，仅供作为数据参考）

3.6 数据的填充

有时我们需要大量填写相同的数据，一个一个填写肯定是很累人的，人性化的 Excel 一定会帮你解忧。

3.6.1 利用填充功能复制数据

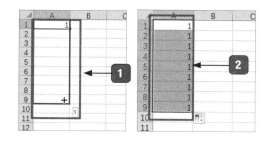

1 将鼠标指针移至单元格右下角至指针变成 ✚ 形状时，按住鼠标左键向下方单元格拖动至需要处。

2 释放鼠标之后即可复制成功。

3.6.2 以序列方式填充数据

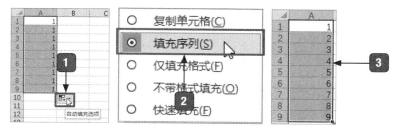

1 若按照序列方式排序，我们可以将数据选中，单击 按钮。

2 在弹出的菜单中选中【填充序列】单

选按钮。

3 将数据改为序列的效果。

3.6.3 等差序列填充数据

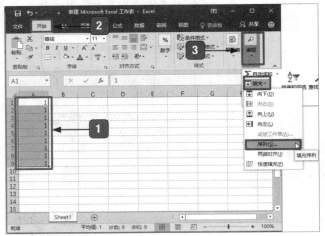

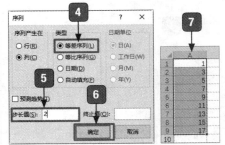

方法1

1 选中想要修改为等差序列填充方式的单元格。

2 选择【开始】选项卡。

3 单击【编辑】按钮，在下拉菜单中选择【填充】选项，在级联菜单中选择【序列】选项。

4 在弹出的【序列】对话框类型栏中选中【等差序列】单选按钮。

5 这里设置步长值为【2】。

6 单击【确定】按钮。

7 单元格填充为等差序列形式效果。

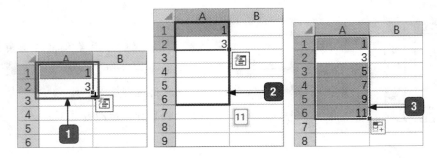

方法2

1 在单元格中先输入两个等差序列的数，选中这两个单元格，将鼠标指针移动至单元格右下角至指针变成➕形状。

2 按住鼠标左键向下拖动至所需位置。

3 松开鼠标即可看到单元格填充为等差序列形式效果。

3.6.4 自定义序列填充数据

单元格填充是很方便的操作，然而对于一些没有规律却需要经常输入的数据，我们就需要进行自定义新的填充序列设置了。

1 在单元格中依次输入序列的项目，然后
选中该序列所在的单元格区域。

2 选择【文件】选项卡。

3 在打开的界面中选择【选项】选项。

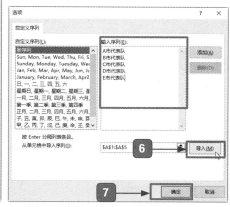

4 打开【Excel选项】对话框，左侧选择【高级】选项，
向下操作右侧滚动条至【常规】区域出现。

5 在【常规】栏中单击【编辑自定义列表】按钮。

6 在【选项】对话框中单击【导入】按钮，即可出
现选定的项目。

7 单击【确定】按钮。

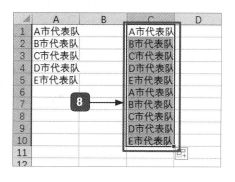

8 在单元格中输入【A市代表队】，将鼠标指针移
动至单元格右下角，当指针变成➕形状时，按住
鼠标向下拖动至需要位置进行填充。

3.7 将现有数据整理到 Excel 中

小白：我已经有做好的表格数据，挨个填到 Excel 中要累趴了……

大神：哈哈，我来教你简便方法吧！

3.7.1 添加 Word 中的数据

如果我们需要添加的数据本身就是表格类型的，可以直接选中表格通过复制到 Excel 中来实现。

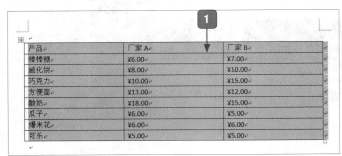
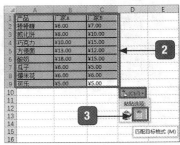

1 选中 Word 中的表格数据，按【Ctrl+C】组合键复制。

2 在 Excel 中按【Ctrl+V】组合键粘贴到表格中。

3 单击【粘贴选项】的下拉按钮，选择【匹配目标格式】选项，使格式更加符合单元格。

3.7.2 添加 Word 文档转换到记事本中的数据

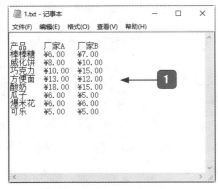

1 首先将 Word 文档中的数据复制到记事本中，将文件名改为"1.txt"。

2 打开 Excel 窗口，选择【数据】选项卡。

3 单击【获取外部数据】组中的【自文本】按钮。

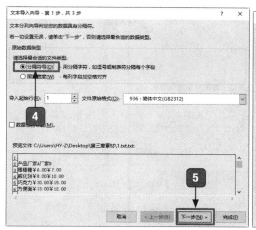

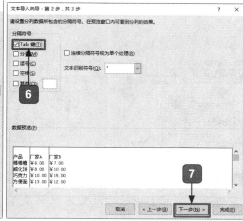

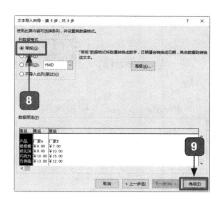

④ 弹出【文本导入向导】对话框，在【原始数据类型】栏【请选择最合适的文件类型】中选中【分隔符号】单选按钮。

⑤ 单击【下一步】按钮。

⑥ 在【分隔符号】列表框中选中【Tab 键】复选框。

⑦ 单击【下一步】按钮。

⑧ 在出现的界面中的【列数据格式】列表框中选中【常规】单选按钮。

⑨ 单击【完成】按钮。

3.7.3 添加网站数据

① 打开 Excel 窗口，选择【数据】选项卡。

② 单击【获取外部数据】组中的【自网站】按钮。

③ 输入需要导入数据的网站。这里我们以 https：//www.baidu.com/ 为例。

④ 选中需要的数据，单击【导入】按钮。

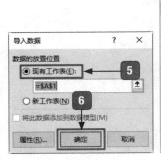

	A	B	C	D	E	F	G	H
1	到百度首页							
2	输入法							
3	手写							
4	拼音							
5	关闭							
6	百度首页设置登录							
7	糯米新闻hao123地图视频贴吧登录设置更多产品							
8	网页新闻贴吧知道音乐图片视频地图文库更多»							
9	手机百度							
10	把百度设为主页关于百度About Baidu百度推广							
11	©2017 Baidu 使用百度前必读 意见反馈 京ICP证030173号 京公网安备11000002000001号							
12								
13								
14								

导入数据

数据的放置位置

● 现有工作表(E):
=$A$1

○ 新工作表(N)

□ 将此数据添加到数据模型(M)

属性(R)... 确定 取消

5 在弹出的【导入数据】对话框【数据 的设置位置】中选中【现有工作表】 单选按钮。

6 单击【确定】按钮。

7 添加网站数据效果。

3.8 综合实战——公司员工考勤表

学习了这么多数据填充的方法，是不是收获很大呢？下面我们来运用所学做一个考勤表。

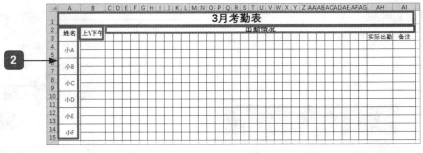

1 这里首先给出一个完整的考勤表效果图。

2 先选定需要的单元格区域，并给它加边框为【所有框线】，写入一些基本的项目，并在需要的部分将单元格格式合并居中。

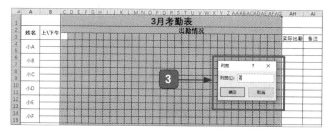

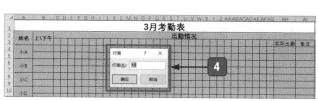

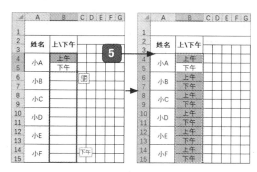

③ 调整一部分单元格的列宽，使表格更美观一些。

④ 同样，单元格的行高也做一些适当调整。

⑤ 利用填充功能在数据重复的单元格进行填充。

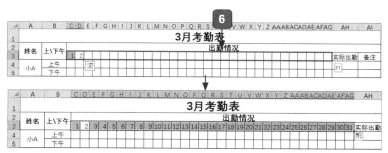

⑥ 同样地，日期也利用填充功能进行填充。

⑦ 这样，一个简单的考勤表就大功告成啦！

痛点解析

痛点 1：巧用【F4】键

【F4】键是一个让人爱不释手的"重复键"，它可以重复你上一步的操作，从而减轻你的工作压力。

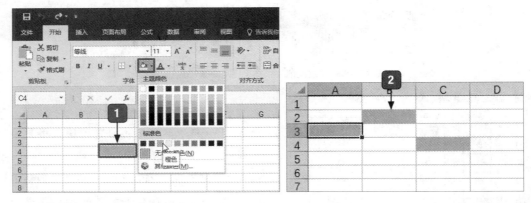

① 在文档中选择要进行操作的单元格，单击【开始】→【字体】→【填充颜色】按钮，选择【橙色】选项。

② 再任意选择要进行操作的单元格，按【F4】键，单元格也变为橙色，效果是不是就出来了。

痛点 2：在不同单元格中输入同样内容

有时我们会根据需要在不相邻的单元格内填充相同的内容，那么逐个输入一定费时费力，下面就来介绍一种输入技巧。

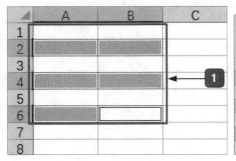

1 按住【Ctrl】键选择需要输入的单元格。

2 在编辑栏中输入"星座属性"。

3 按【Ctrl+Enter】组合键，此时单元格内容均变为"星座属性"。

大神支招

问：互换名片后，如何快速记住别人的名字？

  名片全能王是一款基于智能手机的名片识别软件，它能利用手机自带相机进行拍摄名片图像，快速扫描并读取名片图像上的所有联系信息，如姓名、职位、电话、传真、公司地址、公司名称等，并自动存储到电话本与名片中心。这样，就可以在互换名片后，快速记住对方的名字。

1 打开名片全能王主界面，点击【拍照】按钮。

2 对准名片，点击【拍照】按钮。

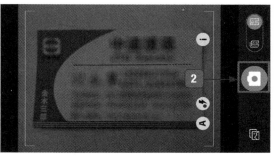

提示：

  （1）拍摄名片时，如果是其他语言名片，需要设置正确的识别语言（可以在【通用】界面设置识别语言）。

  （2）保证光线充足，名片上不要有阴影和反光。

  （3）在对焦后进行拍摄，尽量避免抖动。

  （4）如果无法拍摄清晰的名片图片，可以使用系统相机拍摄识别。

③ 在【核对名片】界面显示识别信息，可以根据需要手动修改。

④ 点击【保存】按钮。

⑤ 在【添加到分组】界面中点击【新建分组】按钮。

⑥ 在出现的【新建分组】界面中输入分组名称。

⑦ 点击【确认】按钮。

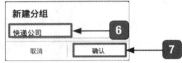

第4章

设计赏心悦目的工作表

>>> 你知道什么是样式吗？你知道样式的作用吗？

>>> 你知道样式怎么用吗？

>>> 你知道什么是模板吗？你知道模板的神奇功效吗？

>>> 你知道如何添加漂亮的边框和底纹吗？

>>> 你知道如何轻松查看海量数据吗？

那就带着疑问快快学习这有趣的一章吧！

4.1 创建专业的模板报表

小白：在公司上班时需要用到很多种表格，如工作表、资金报表、财务报表等。
一个一个做好太麻烦，求大神教教我怎样能快速做好这些表格！

大神：用专业的模板报表就可以呀！

4.1.1 微软自带 Excel 模板的使用

启动 Excel 2016 程序后，呈现以下页面，选中所需的模板，如选择【个人月度预算】选项。

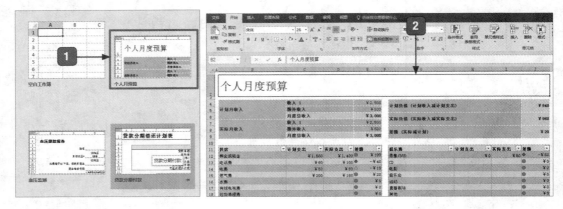

❶ 选择【个人月度预算】选项。　　　　❷ 即可使用微软自带 Excel 模板。

4.1.2 网上下载 Excel 模板的使用

启动 Excel 2016 程序后，呈现以下页面，搜索联机模板，如搜索有关预算的模板。

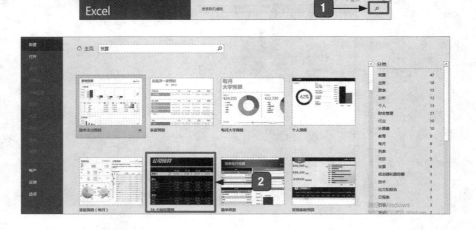

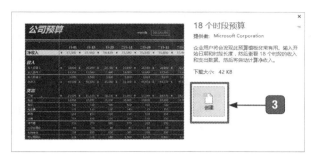

1. 搜索联机模板，如在搜索框中输入【预算】，单击【搜索】按钮。
2. 在搜索结果中单击【18 个时段预算】图标。
3. 单击【创建】按钮。
4. 即可使用网络下载模板。

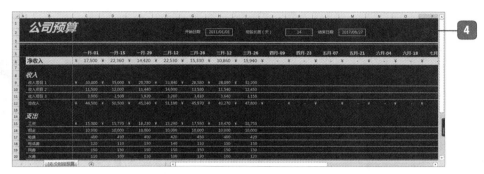

4.2 设置单元格格式

设置单元格格式说起来简单，做起来也简单，但却容易犯错，如果我们设置得到位，就能节约很多时间。

4.2.1 设置字符格式

在 Excel 制表的过程中，赏心悦目的字符需要多彩的颜色、不同的字号、完美的字体等点缀，那么完成这一系列动作的过程就是设置字符格式。

1. 打开"素材\ch04\账单明细 .xlsx"表。
2. 选中单元格 A1:F8。
3. 在【开始】选项卡【字体】组中设置字体为【方正姚体】。

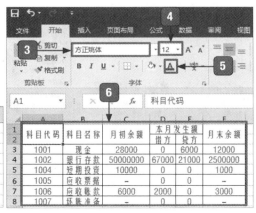

科目代码	科目名称	月初余额	本月发生额		月末余额
			借方	贷方	
1001	现金	28000	0	6000	12000
1002	银行存款	50000000	67000	21000	2500000
1004	短期投资	10000	0	0	1000
1005	应收票据	-	0	0	-
1006	应收账款	6000	2000	0	3000
1007	坏账准备	-	0	0	-

④ 设置字号为【12】。　　　　　　　　⑥ 设置字符格式后的效果。

⑤ 设置字体颜色为【蓝色】。

4.2.2　设置单元格对齐方式

在 Excel 2016 中，单元格默认的对齐方式有左对齐、右对齐和居中等。其实对齐方式有左对齐、右对齐、居中、减少缩进量、增加缩进量、顶端对齐、底端对齐、垂直居中、自动换行、方向、合并后居中，用户根据需求选择相应的对齐方式即可。

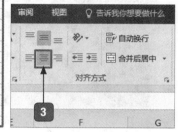

> **提示：**
>
> 　　单元格默认对齐方式文本是左对齐，数字是右对齐。

① 打开"素材 \ch04\ 装修预算表 .xlsx"表。　　③ 在【对齐方式】组中单击【居中】按钮。

② 选中单元格 A1:F14。　　　　　　　　④ 单元格【居中】后的效果。

4.2.3　设置自动换行

Excel 表格的单元格是系统默认的，那文字太长怎么办？想让文字集中在一个单元格里又该怎么办？那就自动换行吧！

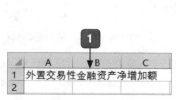

① 打开一个空白工作表，输入长文本。　　　　　　按钮。

② 在【对齐方式】组中单击【自动换行】　　③ 长文本自动换行后的效果。

4.2.4 单元格合并和居中

合并单元格指的是将同一列或同一行的多个单元格合并成一个单元格，居中就是将文本放置单元格的中间。所以为了更加直观，在很多表格里经常会用到单元格合并和居中。

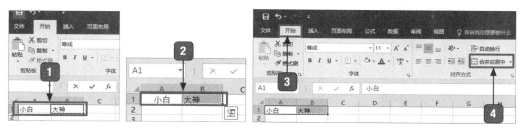

> **提示：**
> 　　合并单元格时，如果合并的单元格内均有数据，则仅会保留左上角的值。

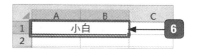

1️⃣ 新建一个空白工作表，分别在A1和B1中输入文本。

2️⃣ 选中单元格A1和B1。

3️⃣ 选择【开始】选项卡。　　　　5️⃣ 在出现的提示框中单击【确定】按钮。

4️⃣ 在【对齐方式】组中单击【合并后居中】　　6️⃣ 单元格合并后居中的效果。
　　按钮。

4.2.5 设置数字格式

Excel 2016的单元格默认是没有格式的，当你想输入时间或日期时就需要对单元格设置数字格式。

1. 最常用的方法——通过鼠标设置数字格式

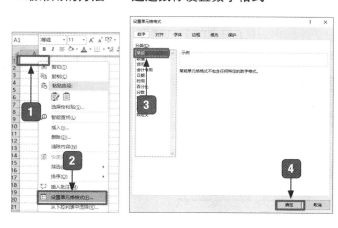

1️⃣ 选中单元格并右击。

2️⃣ 在弹出的快捷菜单中选择【设置单元格格式】选项。

3️⃣ 在【设置单元格格式】对话框的【分类】列表框中选择所需的数字格式。

4️⃣ 单击【确定】按钮。

2. 最便捷的方法——通过功能区设置数字格式

1 选择【开始】选项卡。

2 单击数字组中【常规】右侧的下拉按钮。

3 在弹出的列表中即可选择所需的数字格式。

提示：
　　常用的数字格式设置快捷键如下。
　　【Ctrl+Shift+~】：常规格式。
　　【Ctrl+Shift+$】：货币格式。
　　【Ctrl+Shift+%】：百分比格式。
　　【Ctrl+Shift+#】：日期格式。
　　【Ctrl+Shift+@】：时间格式。
　　【Ctrl+Shift+！】：千位分隔符格式。

4.2.6 设置单元格边框

　　Excel 的单元格系统默认是浅灰色的，设置单元格边框能够使边框更加清晰。

1. 最常用的方法——使用功能区设置单元格边框

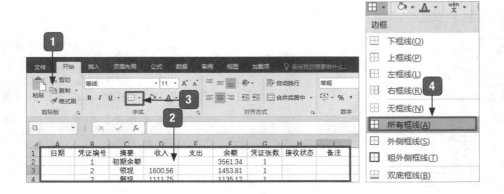

	A	B	C	D	E	F	G	H	I	
1	日期	凭证编号	摘要	收入	支出	余额	凭证张数	接收状态	备注	
2		1	初期余额			3561.34	1			← 5
3		2	领现	1600.56		1453.81	1			
4		2	解现	1111.75		1135.12	1			
5										

1 打开"素材\ch04\现金收支明细表.xlsx"
表。

2 选中单元格 A1:I4。

3 单击字体组中的【边框】按钮。

4 在弹出的菜单中选择【所有框线】选项。

5 将表格设置所有框线后的效果。

2. 最便捷的方法——通过对话框设置边框

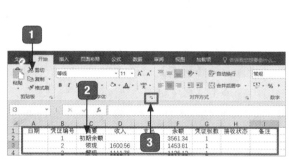

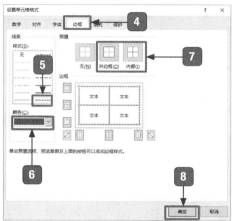

	A	B	C	D	E	F	G	H	I	J
1	日期	凭证编号	摘要	收入	支出	余额	凭证张数	接收状态	备注	
2		1	初期余额			3561.34	1			
3		2	领现	1600.56		1453.81	1			
4		2	解现	1111.75		1135.12	1			
5										

← 9

1 打开"素材\ch04\现金收支明细表.xlsx"
表。

2 选中单元格 A1:I4。

3 单击【字体】组中的【字体设置】按钮。

4 选择【边框】选项卡。

5 在【样式】列表框中选择所需的样式。

6 将颜色设置为【蓝色】。

7 单击【外边框】和【内部】图标。

8 单击【确定】按钮。

9 表格设置边框后的效果。

4.2.7 设置单元格底纹

在制表的过程中，我们都希望表头的颜色不一样，所以就有了设置单元格底纹的操作。

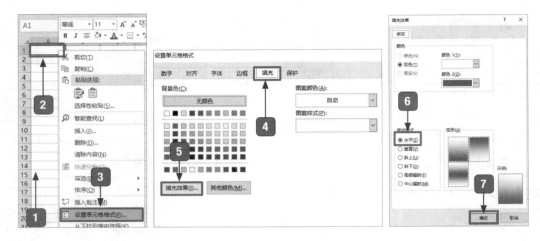

1 打开一个空白工作簿。

2 选中一个单元格并右击。

3 在弹出的快捷菜单中选择【设置单元格格式】选项。

4 选择【填充】选项卡。

5 单击【填充效果】按钮。

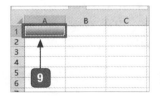

6 在【底纹样式】列表框中选中【水平】单选按钮。

7 单击【确定】按钮。

8 在【设置单元格格式】对话框中单击【确定】按钮。

9 将单元格设置完底纹的效果。

4.3 快速美化工作表——使用样式

Excel 表格默认的样式太过简陋，但是强大的 Excel 2016 提供了多种美化样式的方法，只要你会设置单元格样式，会套用表格样式，就再也不用担心不会 Excel 表格美化啦！

4.3.1 设置单元格样式

单元格的样式有很多种，如单元格文本样式、单元格背景样式、单元格标题样式等，本节就带大家设置单元格样式。

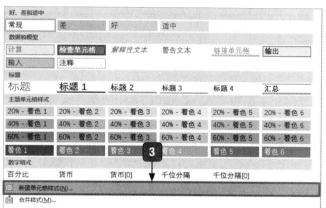

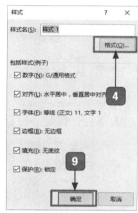

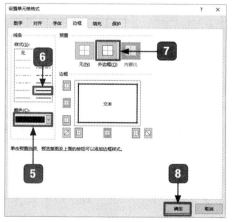

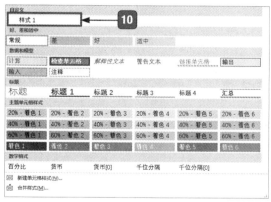

1 打开"素材 \ch04\ 市场工作周计划报表 .xlsx"表。

2 单击【样式】组中的【单元格样式】按钮。

3 在出现的列表中选择【新建单元格样式】选项。

4 在【样式】对话框中输入样式名，单击【格式】按钮。

5 将【颜色】设置为【蓝色，个性色 5，深色 50%】。

6 在【样式】列表框中选择【加粗实线】

样式。

7 单击【外边框】图标。

8 单击【确定】按钮。

9 返回【样式】对话框中，单击【确定】按钮。

10 单击【自定义】栏下的【样式1】按钮。

序号	项目	2014年实际	2015年预算	2015年			2016年预算					6/15年差异	
				1-9月实际	10-12预测	全年预估	一季度	二季度	三季度	四季度	全年合计	数量	%
1	工资及附加												
2	折旧费												
3	装修费及物料消耗												
4	劳动保护费												
5	办公费												
6	装饰费												
7	保险费												
8	通讯费												
9	车辆费												
10	电费												

11 设置单元格样式后的效果。

4.3.2 套用表格样式

一个人得有衣服的装饰才会变得更加美丽动人，Excel 的套用表格样式就好比衣服，能够一键使表格设计得赏心悦目。让我们一起走进表格的"更衣间"。

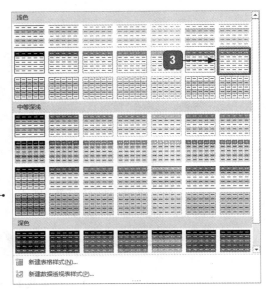

1 打开"素材\ch04\库存统计表.xlsx"表。

2 单击【样式】组中的【套用表格格式】按钮。

3 选择【绿色，表样式浅色14】选项。

4 在【套用表格样式】对话框中单击【确定】按钮。

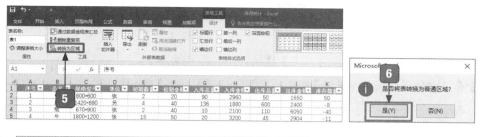

5 单击【工具】组中的【转换为区域】按钮。 7 表格套用表格样式后的效果。

6 在出现的提示框中单击【是】按钮。

提示：

Excel 2016 提供有 60 种表格，大大提高了用户工作的效率以及表格的美观。

4.4 条件格式实现数据可视化

小白： 条件格式实现数据的可视化是什么意思呢？

大神： 最普通的说法就是，你给出一个条件，系统会自动根据你所给的条件将数据进行分类。

小白： 那都在什么情况下需要用到啊？

大神： 用得可多着呢，下面我举个例子，可以突出显示公司的月销售额。

1️⃣ 打开"素材 \ch04\ 销售表 .xlsx"表。

2️⃣ 选中 A2:A7 单元格。

3️⃣ 单击【样式】组中的【条件格式】按钮。

4️⃣ 在弹出的级联菜单中选择【发生日期】选项。

5️⃣ 选择【本月】选项。

6️⃣ 将【本月】设置为【浅红填充色深红色文本】。

7️⃣ 单击【确定】按钮。

8️⃣ 单元格应用条件格式后的效果。

4.5 工作表数据的查看

当工作表中的数据很多，让人眼花缭乱时，该如何很快地浏览你所需要查看的内容呢？本节介绍了两种技巧：冻结行列标题查看数据、多表查看与数据比对。

4.5.1 冻结行列标题查看数据

当 Excel 数据过多的时候，需要使用"垂直滚动条"来显示数据，随着滚动条滚动后，一些重要的数据就会随之不见，这个时候使用冻结行标题会保留住你想要的重要数据。

1. 冻结首行

1️⃣ 打开"素材 \ch04\ 预算表 .xlsx"表。

2️⃣ 单击【冻结窗格】按钮。

3️⃣ 在下拉菜单中选择【冻结首行】选项。

4️⃣ 冻结首行后的效果。

2. 冻结多行

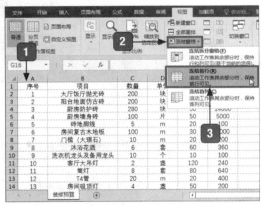

	A	B	C	D	E	F
1	序号	项目	数量	单位	单价	合计
2	1	大厅饭厅抛光砖	200	块	80	16000
3	2	阳台地面仿古砖	200	块	35	7000
4	3	厨房防护砖	280	块	50	14000
5	4	厨房墙身砖	100	片	50	5000
12	11	简灯	8	套	80	
13	12	T4管	20	m	20	
14	13	房间吸顶灯	4	盏	50	200
15						
16						

1 例如冻结前 5 行数据，选定第 6 行任意一个单元格。

2 选择【冻结拆分窗格】选项。

3 冻结拆分窗格后的表格效果。

4.5.2 多表查看与数据比对

在 Excel 的使用中，难免需要用到多表，大多数人会选择开启多个 Excel 程序，缩小窗口查看，但是程序开多了，系统会卡。本节就告诉大家如何在不启用多个 Excel 程序的情况下，进行多表查看与数据比对。

1 打开多张 Excel 表。

2 单击【窗口】组中的【并排查看】按钮。

3 在【并排比较】列表框中选择【工作表2】选项。

4 单击【确定】按钮。

5 多张表【并排查看】后的效果。

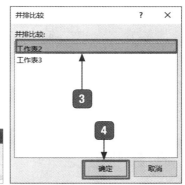

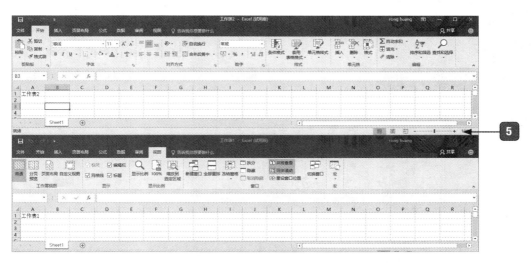

提示:
　　【并排查看】的同时，系统也开启了同步滚动。

4.6 将工作表进行打印

工作表制作完毕后，除了做成电子版还需要打印成纸质版，打印的过程中会出现各种各样的问题，每个人要求的打印格式也不相同。本节就让我们学习打印这门技术吧！

4.6.1 根据表格内容，选择纵向还是横向显示

打印工作表有两种方式，一种是纵向打印，另一种是横向打印，你可以根据表格的内容，排版自行调整。

1

工号	姓名	职位	应领工资				应扣工资				实发工资	所得税	税后工资
			基本工资	提成	奖金	小计	迟到	事假	旷工	小计			
No.101	小A	销售代表	2000	2300	300	4600	50			50	4550	70	4480
No.102	小B	销售代表	2000	2000	300	4300					4300	67	4233
No.103	小C	企划总监	2500	2300	500	5300					5300	90	5210
No.104	小D	市场总监	2500	2500	500	5500					5500	100	5400
No.105	小E	财务总监	2500	2300	500	5300	50			50	5250	88	5162

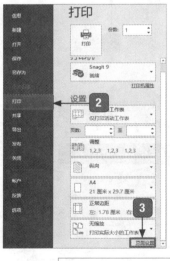

1 打开"素材 \ch04\ 公司员工工资表 .xlsx"表。

2 选择【打印】选项。

3 单击【页面设置】按钮。

4 在【页面设置】对话框中设置纸张方向。

5 单击【确定】按钮。

6 设置纵向页面的效果。

7 设置横向页面的效果。

工号	姓名	职位	应领工资					应扣
			基本工资	提成	奖金	小计	迟到	事假
No.101	小A	销售代表	2000	2300	300	4600		50
No.102	小B	销售代表	2000	2000	300	4300		
No.103	小C	企划总监	2500	2300	500	5300		
No.104	小D	市场总监	2500	2500	500	5500		
No.105	小E	财务总监	2500	2300	500	5300	50	

6

7

工号	姓名	职位	应领工资				应扣工资				实发工资	所得税	税后工资
			基本工资	提成	奖金	小计	迟到	事假	旷工	小计			
No.101	小A	销售代表	2000	2300	300	4600		50		50	4550	70	4480
No.102	小B	销售代表	2000	2000	300	4300					4300	67	4233
No.103	小C	企划总监	2500	2300	500	5300					5300	90	5210
No.104	小D	市场总监	2500	2500	500	5500					5500	100	5400
No.105	小E	财务总监	2500	2300	500	5300	50			50	5250	88	5162

4.6.2 预览打印效果

打印是将编辑好的表格通过输出设备打印机打印到纸张上，而预览打印效果又刚好使用户最直观地看到实际效果，如果哪里不满意就可以重新编辑。

1 打开"素材 \ch04\ 公司企业商品报价单 .xlsx"表。

2 选择【打印】选项。

3 即可在预览区看到预览效果。

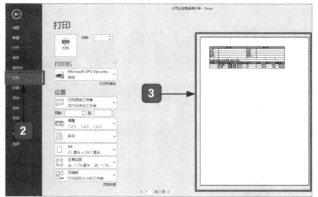

4.6.3 打印多份相同的工作表

在公司上班时，打印表格是常事，并且是打印相同的好几份。但其实这些在 Excel 中都不是难事。

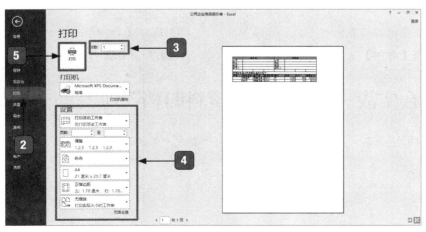

1 打开"素材\ch04\公司企业商品报价单.xlsx"表。

2 选择【打印】选项。

3 设置【份数】，单击【增加】或【减少】

微调按钮。

4 选择【页面设置】选项。

5 单击【打印】按钮。

4.6.4 打印多张工作表

4.6.3 节说到如何打印相同的表格，这节就学习打印多张工作表。

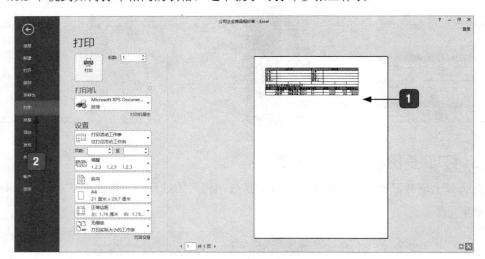

1 打开多张工作表。

2 选择【打印】选项。

3 选择【打印整个工作簿】选项，即可打印多张工作表。

4.7 综合实战——美化员工资料归档管理表

大神：学习了这么多，目的就是综合实战做出"高大上"的表格啊！

小白：没毛病！

大神：那我们一起来做一个员工资料归档管理表吧！

小白：你就等着我给你露一手吧！

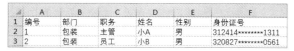

1 打开"素材 \ch04\ 江苏家具有限公司 .xlsx"表。

2 选中单元格 A1:K11。

3 在【字体】组中设置字体为【华文仿宋】。

4 设置字号为【12】。

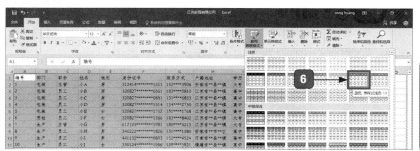

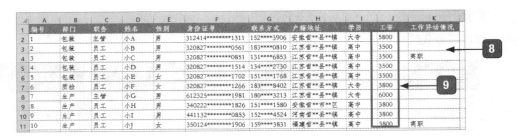

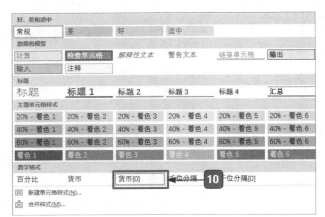

5 表格设置字体与字号后的效果。

6 将表格格式设置为【蓝色，表样式浅色，13】。

7 在【套用表格式】对话框中单击【确认】按钮。

8 套用表格样式后的效果。

9 选择单元格 J2：J11。

10 将【数字格式】设置为【货币 [0]】。

11 美化完表格的效果。

痛点解析

Excel 表格的表头通常会出现分项目的情况，根据需要还可能分好几个，但是，有了这本书就不用怕，现在就带你们从简单的表头玩到复杂的表头。

痛点 1：绘制单斜线表头

1 新建一个空白工作簿，在单元格 B1 和 A2 中输入文本。

2 选中 A1 单元格，按【Ctrl+1】组合键。

3 选择【边框】选项卡。

4 在【样式】列表框中选择所需的样式。

5 单击 ⬚ 图标。

6 单击【确定】按钮。

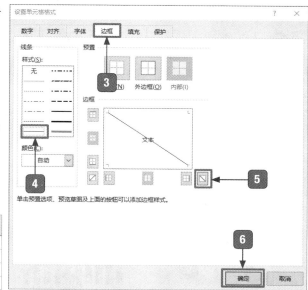

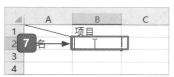 

7 选中单元格 B2，按【F4】键。

8 绘制单斜线表头后的效果。

痛点 2：绘制多斜线表头

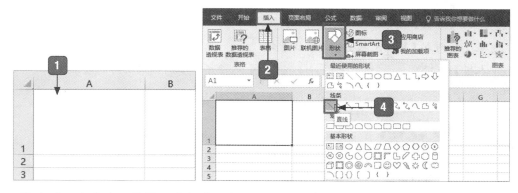

1 新建一个空白工作簿，选中单元格 A1 进行单元格的调整。

2 选择【插入】选项卡。

3 单击【形状】按钮。

4 在下拉列表【线条】组中选择【直线】进行单元格绘制。

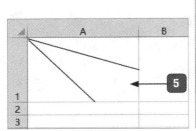

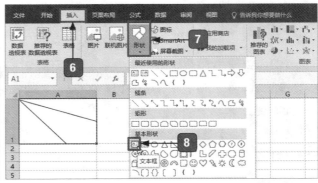

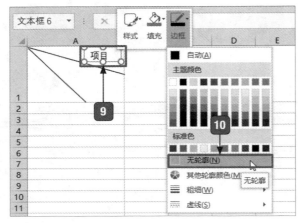

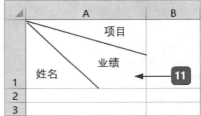

⑤ 单元格绘制多斜线后的效果。

⑥ 选择【插入】选项卡。

⑦ 单击【形状】按钮。

⑧ 在下拉列表【基本形状】组中选择【文本框】选项。

⑨ 在单元格中绘制文本框，并且输入文本内容。

⑩ 单击鼠标右键，在出现的快捷菜单中选择【无轮廓】选项。

⑪ 绘制多斜线表头后的效果。

大神支招

问：如何使用手机将重要日程一个不落地记下来？

日程管理无论对个人还是对企业来说都是很重要的，做好日程管理，个人可以更好地规划自己的工作、生活，企业能确保各项工作及时有效地推进，保证在规定时间内完成既定任务。做好日程管理既可以借助一些日程管理软件，也可以使用手机自带的软件，如使用手机自带的【日历】【闹钟】【便签】等应用进行重要日程提醒。

1. 在【日历】中添加日程提醒

 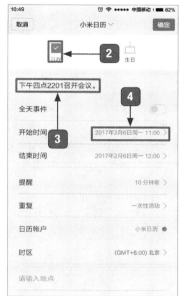 

1 打开【日历】应用，点击【新建】按钮。

2 在出现的界面中选择【日程】选项。

3 输入日程内容。

4 选择【开始时间】选项。

5 在出现的界面中设置日程的开始时间。

6 点击【确定】按钮。

7 选择【结束时间】选项，设置日程的 结束时间。

8 点击【确定】按钮。

9 在出现的界面中选择【设置提醒】选项，

设置日程的提醒时间。

10 点击【返回】按钮。

11 完成日程提醒的添加，到提醒时间后，将会发出提醒。

2. 创建闹钟进行日程提醒

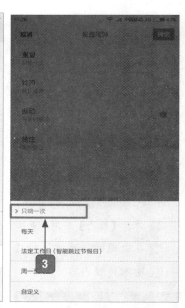

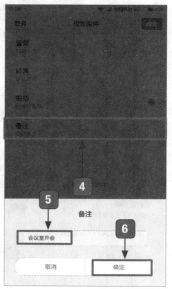

1 打开【闹钟】应用，点击【添加闹钟】
　按钮。

2 在出现的界面中选择【重复】选项。

3 在出现的界面中选择【只响一次】选项。

4 在出现的界面中选择【备注】选项。

5 输入备注内容。

6 点击【确定】按钮。

7 在打开的界面中设置提醒时间。

8 完成使用闹钟设置提醒的创建，到达
　提醒时间，将会发出提醒。

3. 创建便签日程提醒

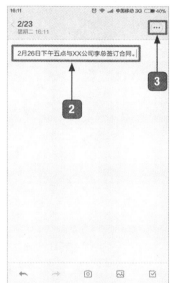
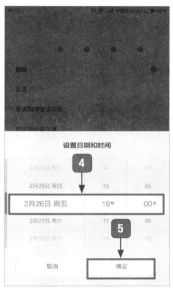

1️⃣ 打开【便签】应用，点击【新建便签】按钮。

2️⃣ 在新建的便签中输入便签内容。

3️⃣ 点击 ⋯ 按钮。

4️⃣ 在打开的界面中设置提醒日期和时间。

5️⃣ 点击【确定】按钮。

6️⃣ 根据需要设置提醒标记的颜色或发送便签位置。

7️⃣ 完成便签日程的创建。

第5章

>>> 你知道公式与函数的使用能带来多大好处吗？

>>> 求上千上万数据的平均值时，你还要一个一个加起来然后除以总个数吗？

>>> 拿到一张上万名公司职员的信息，查找个别职工的信息时，你还要一个一个翻着找吗？

>>> 需要核实全体员工工资信息时，上百上千名员工难道你还要一条一条比对吗？

不用麻烦了，这些所有的"难道"都不存在，只需要使用公式和函数就能很快解决你的问题，那就一起来领略一下函数与公式的魅力吧！

公式与函数的魅力——制作公司员工工资条

5.1 公式的基础知识

5.1.1 运算符及优先级

1. 运算符

运算符是用于对公式中的元素所做运算类型的指明。Excel 2016 中包含 4 种运算符：算术运算符、比较运算符、文本运算符及引用运算符。

（1）算术运算符

什么是算术运算符呢？顾名思义就是数学运算符，就是我们小时候学的加减乘除等运算符号，有如下几种。

算术运算符	作用	示例
加号（+）	加法运算	1+1
减号（−）	减法运算或负号	2−1 或 −2
星号（*）	乘法运算	2*3
正斜线（/）	除法运算	4/2
百分号（%）	百分比	30%
脱字符（^）	求幂	3^2（等于 3 乘以 3）

（2）比较运算符

比较运算符是用来比较数值大小的，其结果返回一个逻辑值，TRUE 或 FLASE。比较时用下表中的运算符。

比较运算符	作用	示例 / 结果
等于（=）	逻辑比较等于	4=3/FLASE
大于（>）	逻辑比较大于	5>2/TRUE
小于（<）	逻辑比较小于	3<5/TRUE
大于或等于（>=）	逻辑比较大于等于	8>=9/FLASE
小于或等于（<=）	逻辑比较小于等于	6<=6/TRUE
不等于（<>）	逻辑比较不等于	2<>3/TRUE

（3）文本运算符

文本运算符又称文本连接符，顾名思义就是用来连接文本的符号，可以连接两个及多个文本，从而形成一串新的文本字符串。

文本运算符	作用	示例
和（&）	连接文本	"Micro" & "soft" & "Visual" =Microsoft Visual

（4）引用运算符

需要与单元格引用一起使用。那到底什么是引用运算符呢？这个就有点难理解了。不过通过下表的示例展示，相信你会一目了然的。引用运算符包括范围运算符、联合运算符、交叉运算符。如下表所示。

引用运算符	作用	示例
冒号（:） 范围运算符	单元格所有区域的引用	=SUM（A1:C4）
逗号（,） 联合运算符	将多个单元格引用或范围引用合并为一个引用	=SUM（A2,A4,C2,C4）
单个空格（ ） 交叉运算符	两个单元格区域相交的部分	=SUM（A2:B4 A4:D6）相当于 =SUM（A4:B4）

2. 运算符的优先级

4 种运算符的优先级是：引用运算符、算术运算符、文本运算符、比较运算符。

运算符优先级细分如下表所示。

（在同一行的属于同级运算符）

符号	运算符
–	负号
:（冒号）	引用运算符
（空格）	引用运算符
,（逗号）	引用运算符
%	百分号
^	求幂
*、/	乘号和除号
+、–	加号和减号
&	文本连接符
=、<、>、<=、>=、<>	比较运算符

5.1.2 公式与函数的通用型写法

1. 公式

公式都是以"="开始的，后面跟表达式，由常量、单元格引用地址、函数和运算符组成。

公式的 4 个步骤为：

第 1 步：选定需要计算的单元格；

第 2 步：输入"="；

第 3 步：输入算式（单元格地址或数值）；

第 4 步：按【Enter】键。

2. 函数

（1）手工输入函数

手工输入函数与输入公式一样，需要先在选定单元格内输入"="，然后输入函数本身即可。

（2）使用插入函数输入

选定需要输入函数的单元格，选择【公式】选项卡，如下图所示。

① 选择【公式】选项卡。

② 单击【插入函数】按钮。

然后找到自己需要的函数就可以了。

下面给大家介绍几种比较常用的函数。

（1）求和函数——SUM()

　　　　格式：SUM（number1,number2,……）。

　　　　功能：返回参数表中所有参数之和。（参数最多不超过30个，常使用区域形式）

　　　　连续地址：区域运算符（：），如SUM(A1:C1)。

　　　　不连续地址：联合运算符（，），如SUM(A1,C1)。

（2）求平均值函数——AVERAGE()

　　　　格式：AVERAGE(number1,number2,……)。

　　　　功能：返回所有参数的平均值（算术平均值）。（参数个数为1~30个，一般使用区域形式）如AVERAGE(单元格区域坐标)。

（3）求最大值函数——MAX()和求最小值函数——MIN()

最大值函数：

　　　　格式：MAX(number1,number2,……)。

　　　　功能：返回参数中的最大值。

最小值函数：

　　　　格式：MIN(number1,number2,……)。

　　　　功能：返回参数中的最小值。

84 5.1.3 在公式中使用函数的优势

1. 可以简化公式

使用函数可以使公式很大程度上加以简化。例如，计算11个单元格（B1:B12）的平均值。如果你不使用函数的话，就得用以下公式计算：

=(B2+B3+B4+B5+B6+B7+B8+B9+B10+B11+B12)/11

如果有上万个数据，难道你还要这样计算吗？而且，你如果想要在B2:B12中插入新行，还需要在平均值中添加这个新值。所以，这种情况下使用函数就简单多了，即AVERAGE函数：

=AVERAGE(B2:B12)

具体操作如下图所示。

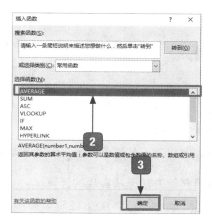

1 单击【f_x】按钮插入函数。

2 在【选择函数】列表框中选择【AVERAGE】选项。

3 单击【确定】按钮。

4 单击↑按钮。

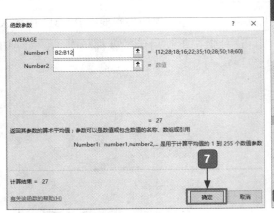

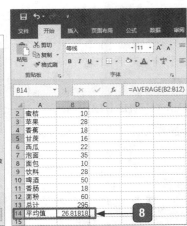

5 在 Excel 工作表中选中计算的单元格区域。   7 单击【确定】按钮。

6 单击▣按钮。   8 计算结果。

你看，这样是不是简单多了呢？尤其是计算大量数据时，使用函数更是简单、高效。

2. 可以执行其他方法无法实现的计算

如果需要确定单元格 B2:B12 区域范围内的最大值或最小值，不使用函数是没有办法得到答案的。

最大值：=MAX(B2:B12)

最小值：=MIN(B2:B12)

此操作就类似求平均值步骤，在这里就不具体跟大家演示了。

3. 能提高编辑任务的速度

函数有时可以大大加快编辑速度。假如一个表格中的单元格 A1:A1000 中有 1000 个名字是大写字母，如果你交表格时，老板想让你把名字改为首字母为大写，其他为小写。难道你要一个一个重新输入吗？那就太耽误时间了，使用 PROPER 函数几秒钟就能搞定。

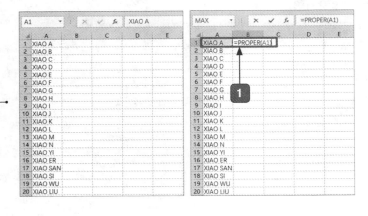

1 选中 B1 单元格，然后输入"=PROPER(A1)"函数公式。

> **提示：**
>
> PROPER 函数的作用就是进行字符串文本首字符大写、其他字符小写的转换。

将【=PROPER(A1)】函数公式复制到单元格 B2:B20，如下图所示。

 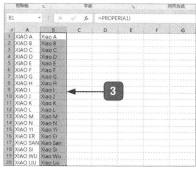

2 移动鼠标指针到单元格 B1 右下角时，指针变成+形状，然后向下拖动鼠标 至单元格 B20，完成复制。

也可以直接双击+按钮完成自动填充。

3 完成自动填充。

4. 可以实现判断能力

使用 Excel 2016 中的 IF 函数可以实现判断功能。例如，输入函数公式："=IF(A1<5000，A1*10%，A1*5%)"，此公式就具有判断能力，如果 A1 的值小于 5000，单元格 A1 的值就乘以 10%；否则，A1 的值就乘以 5%。

IF 函数有 3 个参数，用逗号隔开。（参数提供了函数的输入值）

5.1.4 什么情况下需使用相对、绝对与混合引用

相对引用、绝对引用与混合引用都属于单元格的引用。什么是单元格引用呢？所谓单元格引用，即引用单元格的地址，将数据与公式联系在一起。下面就来介绍分别在什么情况下使用相对引用、绝对引用、混合引用。

1. 相对引用

相对引用就是指单元格的引用会随着公式所在位置的变化而发生变化。（默认的情况下，公式用的是相对引用。）

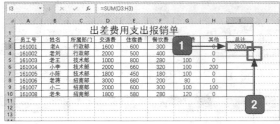

1 选中单元格I3，此时单元格I3中公式为"=SUM(D3:H3)"。

2 移动鼠标指针到I3右下角，当指针变成+形状时按住鼠标不放向下拖动。

3 单元格I4中的公式就自动变成了"=SUM(D4:H4)"。

2. 绝对引用

绝对引用就是指在复制公式时，无论公式所在的位置怎样改变，引用单元格的地址都不会发生变化，就好比"加了锁"。绝对引用需要在普通地址的前面加【$】符号，如D3的绝对引用形式为"=$D$3"。（当想要使某个值保持不变时就使用绝对引用。）

1. 修改 I3 单元格的公式为 "=SUM($D$3:$H$3)"。

2. 按【Enter】键，得到求和结果。

3. 选中单元格 I3，此时单元格中的公式为"=SUM($D$3:$H$3)"。

4. 移动鼠标指针到 I3 右下角，当指针变成+形状时向下拖动。

5. 单元格 I4 中的公式依然是 "=SUM ($D$3:$H$3)"。

6. 因为公式加了锁，所以这个值保持不变。

3. 混合引用

所谓混合引用，就是相对引用与绝对引用的共同引用。（当你需要固定行引用改变列引用或固定列引用改变行引用时，就要用混合引用。）比如单元格 D3，当需要固定行引用改变列引用时，就可以表示为 D$3；或者当需要固定列引用改变行引用时，就可以表示为 $D3。

1. 在编辑栏中修改单元格 I3 的公式为 "=SUM($D3:$H3)"。

2. 按【Enter】键。

3. 移动鼠标指针到单元格 I3 右下角，当指针变成+形状时按住鼠标不放向下拖动。

4. 此时单元格 I4 中的公式变为 "=SUM ($D4:$H4)"。

其实，不用刻意去记相对引用、绝对引用及混合引用的定义，通过实例就可以理解它们的含义，而且还能熟练地使用。

5.1.5 输入和编辑公式

1. 输入公式

在单元格中输入公式有手动输入和自动输入两种方式。下面就来具体介绍。

（1）手动输入

1 选中单元格 I3，并在其中输入公式"=D3"。

2 此时，单元格 D3 被引用。

3 接着输入运算符号"+"，然后选择 E3

单元格，然后依次输入"+F3+G3+H3"，此时，E3、F3、G3 和 H3 单元格也被引用。

4 按【Enter】键即可完成输入。

（2）自动输入

自动输入比手动输入快，而且也不容易出错。具体操作步骤如下面图解。

		出差费用支出报销单						
员工号	姓名	所属部门	交通费	住宿费	餐饮费	通讯费	其他	总计
161001	老A	行政部	1600	600	300	100	0	2600
161002	老刘	行政部	2000	500	400	60	0	
161003	老王	技术部	1000	800	280	100	0	
161004	小李	技术部	2000	660	320	100	200	
161005	小陈	技术部	1800	450	180	100	0	
161006	老蒋	招商部	3000	680	200	80	0	
161007	小二	招商部	2000	600	300	100	100	
161008	老朱	招商部	1800	580	280	120	0	

1 选中单元格 I3。

2 单击 Excel 页面右上角的【自动求和】按钮。

3 按【Enter】键后单元格 I3 中的公式为"=SUM（D3:H3）"。

4 完成自动输入。

2. 编辑公式

在运用公式进行运算时，如果发现公式有错误，不用担心，还可以对其进行编辑。下面就用图解详细介绍。

1 比如求和公式，我们需要计算的是 E21+F21+G21，所以需要对其进行编辑。

2 将公式"=SUM(D21:G21)"改成"=SUM(E21:G21)"。

5.2 函数利器——名称

引入名称是为了介绍一些 Excel 2016 的一些小技巧，可以让你通过名称迅速查找到需要的单元格。

5.2.1 名称的定义方法和规则

1. 名称的定义

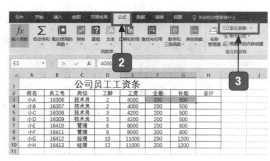

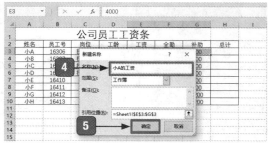

1 选中单元格区域 E3:G3。

2 选择【公式】选项卡。

3 在【定义的名称】组中单击【定义名称】

按钮。

4 在【名称】文本框中输入【小 A 的工资】。

5 单击【确定】按钮。

2. 定义名称的规则

（1）名称不能与单元格名称相同。

（2）名称之间不能有空格符，可以用"."。

（3）名称长度不能超过 255 个字符，字母不分大小写。

（4）同一工作簿中不能定义相同的名称。

5.2.2 名称的作用

使用定义的名称的作用有两个：计算时可以简化公式和定位数据单元格区域。

1. 定位

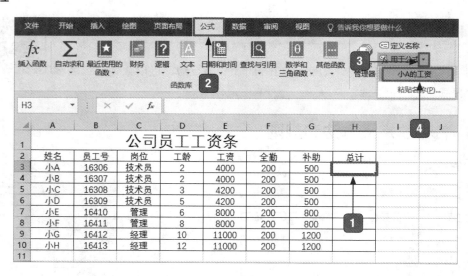

	A	B	C	D	E	F	G	H
1			公司员工工资条					
2	姓名	员工号	岗位	工龄	工资	全勤	补助	总计
3	小A	16306	技术员	2	4000	200		=小A的工资
4	小B	16307	技术员	2	4000	200	500	
5	小C	16308	技术员	3	4200	200	500	
6	小D	16309	技术员	5	4200	200	500	
7	小E	16410	管理	6	8000	200	800	
8	小F	16411	管理	8	8000	200	800	
9	小G	16412	经理	10	11000	200	1200	
10	小H	16413	经理	12	11000	200	1200	

1 选中单元格 H3。

2 选择【公式】选项卡。

3 单击【自定的名称】组中的【用于公式】下拉按钮 。

4 在弹出的下拉菜单中选择【小 A 的工资】选项。

5 系统自动定位到"小 A 的工资"一行。

2. 计算——简化公式

计算已经定义名称的单元格区域，直接在单元格中输入名称就可以计算出来了，来看看操作步骤吧。

=SUM(小A的工资)

	A	B	C	D	E	F	G	H
1			公司员工工资条					
2	姓名	员工号	岗位	工龄	工资	全勤	补助	总计
3	小A	16306	技术员	2	4000	200		=SUM(小A的工资)
4	小B	16307	技术员	2	4000	200	500	SUM(number1,
5	小C	16308	技术员	3	4200	200	500	
6	小D	16309	技术员	5	4200	200	500	
7	小E	16410	管理	6	8000	200	800	
8	小F	16411	管理	8	8000	200	800	
9	小G	16412	经理	10	11000	200	1200	
10	小H	16413	经理	12	11000	200	1200	
11								

H4

	A	B	C	D	E	F	G	H
1			公司员工工资条					
2	姓名	员工号	岗位	工龄	工资	全勤	补助	总计
3	小A	16306	技术员	2	4000	200	500	4700
4	小B	16307	技术员	2	4000	200	500	
5	小C	16308	技术员	3	4200	200	500	
6	小D	16309	技术员	5	4200	200	500	
7	小E	16410	管理	6	8000	200	800	
8	小F	16411	管理	8	8000	200	800	
9	小G	16412	经理	10	11000	200	1200	
10	小H	16413	经理	12	11000	200	1200	

1 在想要计算的单元格中输入"=SUM(小 A 的工资)"。

2 按【Enter】键就可以得到计算结果。

5.2.3 名称的修改和管理

小白： 大神，我统计工资条定义名称的时候，一不小心把同事的名字打错了，这怎么办呢？

大神： 小白，别急，大神接下来就具体介绍怎么对定义的名称进行修改和删除操作，快来跟我看看吧。

在 Excel 2016 中，既可以对定义的名称进行管理，也可以对其进行编辑、删除等修改操作。

93

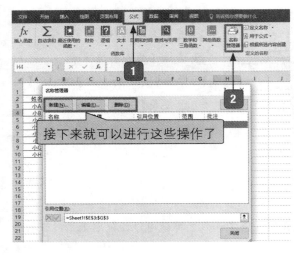

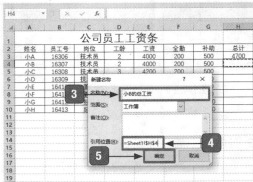

1 选择【公式】选项卡。

2 单击【定义的名称】组中的【名称管理器】，打开【名称管理器】对话框。

3 选择【新建】选项卡后，在弹出的【新建名称】对话框中的【名称】文本框中输入"小 B 的总工资"。

4 单击【引用位置】文本框，返回到 Excel 中，选中 H4 单元格。

5 单击【确定】按钮。

6 弹出【名称管理器】对话框。

接下来的编辑和删除就不多解释了，依葫芦画瓢，与新建操作不能说是一样的，但步骤是相似的。

5.2.4 名称的引用

名称引用的操作步骤，就跟我们上面介绍过的定义名称的第二个作用——简化公式是一样的。如下面的图解所示。

① 选中 H3 单元格，并输入"=SUM(小
A 的工资)"；此时被定义的名称处于

被引用的状态。

② 按【Enter】键即可算出结果。

5.3 公式使用技巧

你还在为求和时需要一行一行输入公式进行计算而发愁吗？你还在为工
作簿需要保密传送而苦恼吗？公式的使用技巧来了，让你不再发愁，不再苦恼，快跟我来看
看吧。

5.3.1 公式中不要直接使用数值

在引用单元格区域时不要直接使用数值，如果在公式中使用数值，那么计算 H 列的结
果必须一个一个输入公式计算，这样就大大增加了工作量。如果直接使用公式，只需要在第
一个单元格中输入公式，下面的结果只需要一步复制就可以完成了。

5.3.2 精确复制公式

1. 普通复制公式

普通复制公式就是将一个单元格的公式复制到另外的单元格中去，接下来介绍具体的
操作步骤。

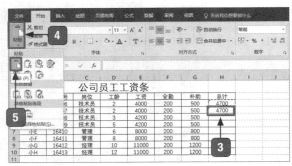

1 选中 H3 单元格。

2 单击【剪贴板】组中的【复制】按钮，选中的 H3 单元格边框显示闪烁的虚线。

3 选中 H4 单元格。

4 单击【开始】选项卡【剪贴板】组中的【粘贴】下拉按钮。

5 单击【粘贴】按钮。

6 H3 单元格仍然处于被复制状态，所以下面的直接粘贴就可以了。

2. 使用"快速填充"复制公式

使用"快速填充"的方法复制公式会大大减少工作量。接下就来介绍具体的操作步骤。

1 选中 H3 单元格。

2 将鼠标指针移动到 H3 单元格的右下角，此时指针变成╋形状。

3 拖动鼠标至单元格 H10，即可完成公式的复制。

5.3.3 将公式计算结果转换为数值

小白：大神，如果我想要把工作簿发送给老板，但是为了保密，不希望别人看到我的公式结构，那该怎么办呢？

大神：直接选择性粘贴，将公式结果转化为固定数值就可以了。接下来就给你演示一遍。

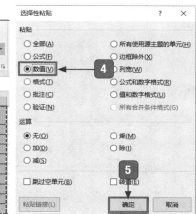

1 按住鼠标左键拖动来选中整个工作表。

2 单击【开始】选项卡中的【复制】按钮。此时被选中区域边框显示闪烁的虚线。

3 单击【粘贴】按钮，在出现的下拉菜单中选择【选择性粘贴】选项。

4 在【选择性粘贴】对话框中选中【数值】单选按钮。

5 单击【确定】按钮。

6 选中之前有公式的一列中任意的单元格，编辑栏中显示的将不再是公式，而是数值。

5.4 快速求和与条件求和

如果遇到上千上万个数值需要计算它们的和，你是不是还要一个一个加起来计算呢？不需要，这一节就来介绍如何快速求和。

5.4.1 行列的快速求和

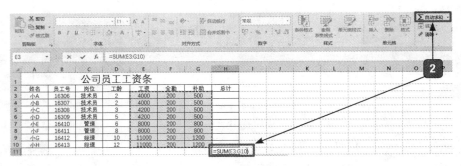

1️⃣ 选中 H11 单元格。

2️⃣ 单击窗口右上角的【自动求和】按钮，然后选中 E3:G10 单元格区域，或者直接在单元格中输入公式"=SUM (E3:G10)"。

3️⃣ 按【Enter】键即可完成求和。

5.4.2 总计快速求和

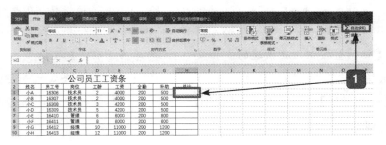

	A	B	C	D	E	F	G	H
1			公司员工工资条					
2	姓名	员工号	岗位	工龄	工资	全勤	补助	总计
3	小A	16306	技术员	2	4000	200	500	4700
4	小B	16307	技术员	2	4000	200	500	4700
5	小C	16308	技术员	3	4200	200	500	4900
6	小D	16309	技术员	5	4200	200	500	4900
7	小E	16410	管理	6	8000	200	800	9000
8	小F	16411	管理	8	8000	200	800	9000
9	小G	16412	经理	10	11000	200	1200	12400
10	小H	16413	经理	12	11000	200	1200	12400

1 选中 H3 单元格，然后单击窗口右上角的【自动求和】按钮。

2 然后选中 E3:G3 单元格区域，按【Enter】键即可计算出小 A 的总工资。

3 把鼠标指针移到 H3 单元格右下角，此时指针变成+形状，然后拖动鼠标至 H10 单元格。

4 完成快速求和。

5.4.3 SUMIF 函数实时求和

什么是 SUMIF 函数呢？其实是 SUM 函数和 IF 函数的组合，也就是有条件的求和函数。怎样使用 SUMIF 函数呢？接下来就简单的介绍。

❶ SUMIF 函数的第一个参数 A3:A10 表示的单元格区域。

❷ SUMIF 函数的第二个参数，用来确定对哪些单元格计算的条件。

❸ SUMIF 函数的第三个参数 H3:H10 表示的单元格区域。

1 假设要计算"小 A 的总计"，打开"公司员工工资条"表。

2 在单元格 B12 中输入"小 A 的总计"，然后选中 C12 单元格。

3 在单元格中输入公式"=SUMIF(A3:A10," 小 A",H3:H10)"。

4 按【Enter】键即可计算出结果。

函数的第二个参数可以使用运算符（=、>、<、<> 等），还可以使用通配符，如都为名字中有"小"字的员工，那就把条件设置为"小 *"。还可以与其他函数联合使用，如通过 AVERAGE 函数计算出平均数，然后以此平均数为条件，找出大于平均数或小于平均数的值，等等。这 3 个参数之间必须用","隔开。

5.5 数据的统计

统计数据时，如果数据量很大时你还要一个一个数吗？这时候就需要用到统计函数了，使用统计函数可以大大地缩短工作时间，从而大大提高工作效率。这一节就以 COUNT、COUNTA、COUNTIF 函数为例来说明用法。

5.5.1 使用 COUNT 函数统计个数

COUNT 函数用来统计包含数字及参数列表中的数字单元格的个数。下面就具体介绍如何使用 COUNT 函数。

蓝色区域就是公式括号内包含的单元格区域

1️⃣ 任意选中一个单元格。

2️⃣ 在单元格中输入公式"=COUNT(A2:D6)"。

3️⃣ 按【Enter】键，单元格中就会显示"8"，代表包含的单元格区域含有 8 个数值。

> **提示：**
> 如果你输入公式的参数中有数值，COUNT 函数也会统计到。

1️⃣ 单元格中输入公式"=COUNT(A2:D6,6)"。

2 按【Enter】键，单元格中就会显示"9"。此时，参数"6"也被统计到个数中了。

5.5.2 使用 COUNTA 函数动态统计个数

COUNTA 函数与 COUNT 函数的区别是，COUNTA 函数是来统计单元格区域中非空白单元格的个数的。

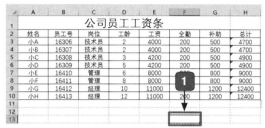

1 选中任意一个空白单元格。

2 在选中的单元格中输入公式"=COUNTA(A2:D6,6)"。

3 按【Enter】键，单元格中就会显示"21"。此时，数值"6"也被函数统计到，所以结果是"21"。

5.5.3 使用 COUNTIF 函数进行条件计数

COUNTIF 函数用来统计单元格区域中满足给定条件的单元格个数。表达式：=COUNTIF（range,criteria）；其中 range 是需要计算的单元格区域，criteria 是确定哪些单元格将被计算在内。

姓名	员工号	岗位	工龄	工资	全勤	补助	总计
小A	16306	技术员	2	4000	200	500	4700
小B	16307	技术员	2	4000	200	500	4700
小C	16308	技术员	3	4200	200	500	4900
小D	16309	技术员	5	4200	200	500	4900
小E	16410	管理	6	8000	200	800	9000
小F	16411	管理	8	8000	200	800	9000
小G	16412	经理	10	11000	200	1200	12400
小H	16413	经理	12	11000	200	1200	12400

统计总计中大于 4000 小于 10000 的人数。

公式的作用：用总计大于 4000 的人数减去大于 10000 的人数。

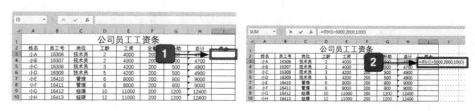

1 选中任意一个空白单元格。

2 在选中的单元格中输入公式"=COUNTIF (H2:H10,">4000") -COUNTIF(H2:H10, ">10000")"。

3 按【Enter】键，单元格中就会显示"6"。

COUNTIF 函数中的条件不仅可以使用运算符，还可以使用通配符（常用的有"*"和"？"）。

5.6 修改错误值为任意想要的结果

你想快速判断产品是否合格吗？你想快速而准确地查找大量数据，从而得到自己想要的结果吗？这一节就来介绍如何判断数据和通过修改公式从而查找到想要的结果。

5.6.1 使用 IF 函数进行判断

IF 函数主要是为了对引用的单元格进行判断，判断是否满足条件。其表达式为：

IF(条件 , 结果 1, 结果 2)

其中，结果 1 是判断条件为真时返回的结果，结果 2 是判断条件为假时返回的结果。其具体的操作步骤如下。

公式的作用：判断单元格 H3 中的数值是否大于 5000，如果大于 5000，奖金一栏 I3 单元格为 2000，否则 I3 单元格为 1000。

1 选中 I3 单元格。

2 在单元格中输入公式"=IF(H3>5000,
2000,1000)"。

3 按【Enter】键即可算出结果。

4 将鼠标指针移动到 I3 单元格的右下角，
此时指针变成 + 形状，然后拖动鼠标
至 I10 单元格，完成自动填充。

5.6.2 使用 AND、OR 函数帮助 IF 函数实现多条件改写

下面介绍如何使用 AND、OR 和 IF 函数的嵌套来实现多条件改写。其操作步骤如下。

1 选中 J3 单元格。

2 在单元格中输入公式"=IF(AND
(G3>=500,G3<800)," 合 格 ",
" 不合格 ")"。

公式的作用：如果单元格 G3 中的数值大于等于 500 且小于 800，则是"合格"，否则
为"不合格"。

3 按【Enter】键即可显示结果。

4 将鼠标指针移动到 J3 单元格的右下角，

此时指针变成 + 形状，然后拖动鼠标
至 J10 单元格，完成自动填充。

> **提示：**
> OR 的用法和 AND 的用法是一样的，只是表示的含义不一样，AND 表示"且"，即条件全部同时满足；而 OR 表示"或"，即至少有一个满足即可。

5.6.3 使用 VLOOKUP 函数进行查找

进行数据查找时，使用 VLOOKUP 函数就不需要一个一个查找了，只需要选中输入函数公式就可以了，迅速又准确，尤其是需要在大量数据中查找时更能体现它的魅力。接下来就具体介绍 VLOOKUP 函数普通查找。

1 假设需要查找姓名满足 J3:J6 单元格条件的总计数据，并将结果显示在 K3:K6 单元格中。

2 选中单元格 K3。

3 单击【公式】选项卡中的【查找与引用】按钮。

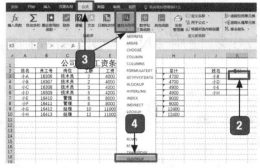

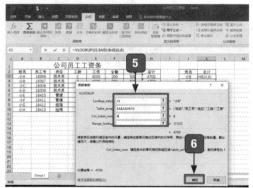

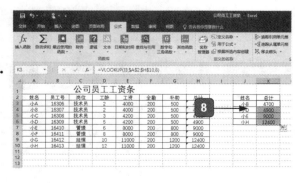

4 在弹出的下拉菜单中选择【VLOOKUP】选项。

5 在 VLOOKUP 栏的文本框里依次输入数据，或者直接在 K3 单元格中输入公式"=VLOOKUP(J3,$A$2:$H$10,8)"。

6 单击【确定】按钮。

7 即可查到"小 B 的总计"。

8 移动鼠标指针至 K3 单元格右下角至指针变成╋形状，然后按住鼠标不放拖动至 K6 单元格。

5.6.4 IF 和 ISERROR 函数去除 VLOOKUP 出现的错误值

在开始之前我们需要做一些准备，首先制作一个主表，然后制作一个条件表使奖金与编号挂钩，在条件表中的编号就可以得到奖金，不在其中的就不能得到奖金，如下就出现了错误。

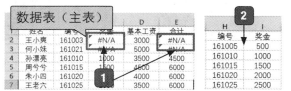

1 这些单元格都出现了错误。

2 使奖金与编号挂钩（条件表）。

这时就要用到 IF 函数和 ISERROR 函数。其中 ISERROR 函数是一个测试错误的函数，它的语法是：ISERROR 值为任意错误值（#N/A、#VALUE、#REF、#DIV/0、#NUM!、#NAME? 或 #NULL!），如果测试值为错误值时，则会返回"TRUE"，否则将为"FALSE"。ISERROR 函数用法：在空白单元格中输入 ISERROR 函数并引用测试为错误值的单元格。

这里面也需要用到 IF 函数，具体操作步骤如下。

1 为了方便区分错误值与正确值，添加两列单元格"正确奖金"和"正确合计"。

2 为添加两列单元格后的条件表。

> **提示：**
> 因为添加列单元格时被右移了，所以编码从 H、I 列变成了 J、K 列。

	编号	奖金
	161005	500
	161010	1000
	161015	1500
	161020	2000
	161025	2500

2

"合计"单元格公式如"正确奖金"。最终得到如下表格。

姓名	编号	正确奖金	奖金	基本工资	正确合计	合计
王小爽	161003	0	#N/A	3000	3000	#N/A
何小妹	161021	0	#N/A	5000	5000	#N/A
孙漂亮	161010	1000	1000	3500	4500	4500
周兮兮	161015	1500	1500	4500	6000	6000
朱小四	161020	2000	2000	4000	6000	6000
王老六	161025	2500	2500	3500	6000	6000

3 选中 C2 单元格，在其中输入公式"=IF(ISERROR(VLOOKUP(B2,J:K,2,0)),"0"，VLOOKUP(B2,J:K,2,0))"。

4 按【Enter】键显示结果。   6 最终结果。

5 完成自动填充。

这就将错误的值修正过来了，是不是很神奇呢？以后想修正错误值时就可以使用 IF 和 ISERROR 函数啦！

5.7 海量数据查找：VLOOKUP 函数

查找数据时，如果没有 VLOOKUP 函数我们还得一个一个查找，非常费时间，尤其是需要海量查找数据时，一个一个查找需要花上大半天时间来查找，现在有了 VLOOKUP 函数，就大大地提高了工作效率。

5.7.1 VLOOKUP 函数进行批量顺序查找

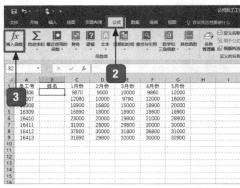

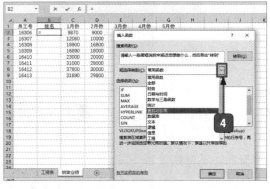

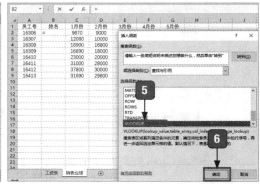

1 单击"销售业绩"工作表。

2 选择 B2 单元格，选择【公式】选项卡。

3 单击【插入函数】按钮。

4 单击【选择类别】后面的下拉按钮，在弹出的下拉列表中选择单击【查找与引用】选项。

5 在【选择函数】列表框中选择【VLOOK UP】函数。

6 单击【确定】按钮。

7 在【Lookup_value】文本框中输入A2；在【Table_array】文本框中输入【工资条！A1:B9】；在【Col_index_num】文本框中输入【2】。

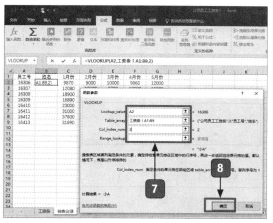

8 单击【确定】按钮。
9 查找效果。
10 完成自动填充。

VLOOKUP 函数表达式：VLOOKUP(Lookup_value,Table_array,Col_index_num,Range_lookup)

Lookup_value 表示查找目标。

Table_array 表示查找范围。

Col_index_num 表示返回值的列数。

Range_lookup 表示精确查找或模糊查找。1 是模糊查找，0 是精确查找。精确即是完全一样，模糊就是包含的意思；如果参数指定值是 0 或 FALSE 就表示精确查找，如果参数指定值是 1 或 TRUE 就表示模糊查找。（如果不小心把这个参数漏掉了，就默认为模糊查找。）

5.7.2 VLOOKUP 函数进行批量无序查找

本小节是使用 VLOOKUP 函数进行批量无序查找，其实操作起来与顺序查找是一样的，下面就来具体讲操作步骤。

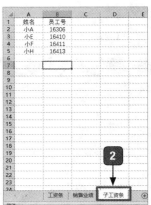

① 为了方便显示查找结果，在姓名后面插入一个空白列。

② 假设"子工资条"表格中是我们需要查找的内容。

③ 选中 C3 单元格，输入公式"=VLOOKUP(B3, 子工资条 !A\$2:B\$5,1,FALSE)"，然后按【Enter】键。

公式的作用：

B3：查找的目标，就是小 A。

子工资条！A\$2：B\$5：需要查找的范围，就是查找"子工资条"表格 A2：B5 单元格区域中的内容。

1：返回值的列数，就是给定查找范围中的列数，本例中我们需要返回的是"姓名"，它是"子工资条"表格中的第一列。

FALSE：精确查找。

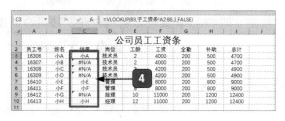

④ 移动鼠标指针至 C3 单元格右下角至指针变成＋形状，然后拖动鼠标至 C10 单元格完成自动填充。

5.7.3 VLOOKUP 函数进行双条件查找

小白：VLOOKUP 函数一般情况下只能实现单条件查找，怎样用 VLOOKUP 函数实现双条件查找呢？

大神：只需要与"IF({1，0}"一起使用就可以实现双条件查找了。别气了，我给你演示一遍。为了方便理解和操作，我就重新简单地做了一个表。

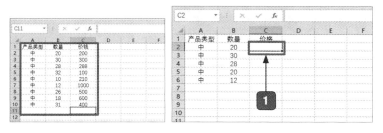

1 选中"子价格表"中的 C2 单元格。

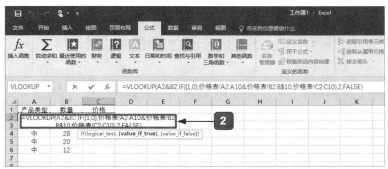

2 在选中的 C2 单元格中输入公式"=VLOOKUP(A2&B2,IF({1,0},价格表!A2:A10& 价格表!B2:B10, 价格表!C2:C10),2,FALSE)"。

公式的作用：

A2&B2：需要查找的目标，即产品类型和数量。

IF({1,0})：前面我们说了，"IF({1,0}, 价格表!A2:A10& 价格表!B2:B10, 价格表!C2:C10)"表示的是查找范围，而咱们这个例子功能是要通过子价格表中的 A 列数据和 B 列数据两个条件去价格表中查找，首先找到对应的 AB 两列的内容，如果一致，就返回 C 列的价格。"IF({1,0})"就相当于"IF({TRUE,FALSH})"，是用来构造查找范围数据的；"价格表!A2:A10& 价格表!B2:B10"相当于两列数据组成了一列数据；所以"IF({1,0}, 价格表!A2:A10& 价格表!B2:B10, 价格表!C2:C10)"区域就形成了一个数组，里面存放两列数据。

> **提示：**
> 按【Ctrl+Shift+Enter】组合键后才会出现"{}"，而且"{}"是自动出现的。

3 按【Ctrl+Shift+Enter】组合键即可。

4 移动鼠标指针至 C2 单元格右下角至指

针变成＋形状，然后拖动鼠标至 C6 单元格完成自动填充。

5.7.4 VLOOKUP 函数实现表与表之间的数据比对

实现表与表之间的数据比对是要用 EXACT 函数：= EXACT(text1,text2)，其中 text1、text2 是需要进行比对的数据。为了方便操作和更容易理解，我把工资条做了简单的改动，如下面的图解所示。

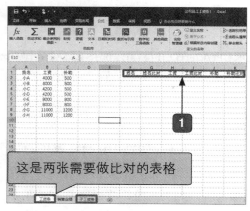

这是两张需要做比对的表格

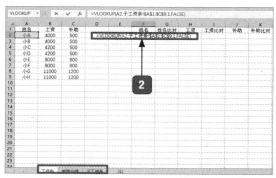

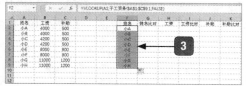

1 为了方便显示比对结果，就在同一张表格上做比对。

2 选中 F2 单元格，输入公式"=VLOOKUP(A2, 子工资条 !$A$1:$C$9,1,FALSE)"。

3 按【Enter】键，然后完成自动填充。　　　　　　"=EXACT(A2,F2)"。

4 选 中 G2 单 元 格，然 后 输 入 公 式　　**5** 按【Enter】键，然后完成自动填充。

接下来的"工资""补助"与"姓名"类似，而"工资比对""补助比对"与"姓名比对"类似。输入公式如下：

工资 H2 单元格中输入：=VLOOKUP(A2, 子工资条 !$A$1:$C$9,2,FALSE)；

工资比对 I2 单元格中输入：=EXACT(B2,H2)；

补助 J2 单元格中输入：=VLOOKUP(A2, 子工资条 !$A$2:$C$9,3,FALSE)；

补助比对 K2 单元格中输入：=EXACT(C2,J2)。

最终可以得到工资条比对表如下图所示。

> 比对结果中，子工资条中与工资条信息相同的显示"TRUE"，不相同的会出现"FALSE"

5.7.5 VLOOKUP 函数模糊查找

比如给出一个总计标准，我们想要统计总工资所在的范围，有的数值与给出的下限不一致，这时候就需要使用 VLOOKUP 函数进行模糊查找了。下面就具体演示一遍。

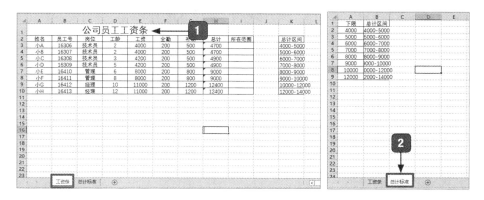

提示：

　　VLOOKUP 函数最后一个参数不填写就是默认为模糊查找，也可以填写为 1 或 TRUE。在这个例子中就是默认的模糊查找。

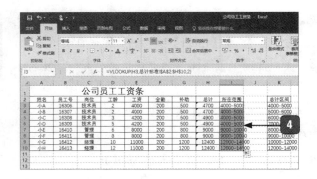

1. 可以看到两张表格，其一是"工资条"表。
2. 其二是"总计标准"表。
3. 选中 I3 单元格，然后输入公式"=VLOOKUP(H3,总计标准!\$A\$2:\$H\$10,2)"。
4. 按【Enter】键，然后完成自动填充。

5.8 综合实战——制作公司员工工资条

每个公司单位在发工资之前都会先发工资条，那制作工资条的任务就很重要了，你想快速地制作出所有员工的工资条吗？你想你制作的员工工资条既美观又准确吗？那就跟着我来看看接下来详细的步骤吧。

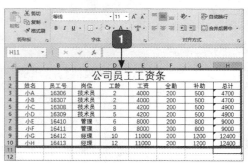

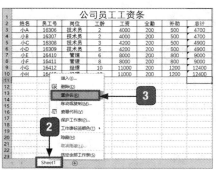

1. 新建一个空白工作簿，录入我们的数据，或者是把我们之前做好的复制到这里。
2. 将鼠标指针移动到"Sheet1"处并右击。
3. 在弹出的快捷菜单中选择【重命名】选项。
4. 输入文本【公司员工工资条】。
5. 按【Enter】键即可完成重命名。

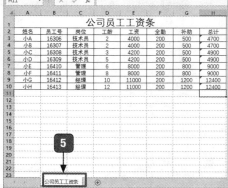

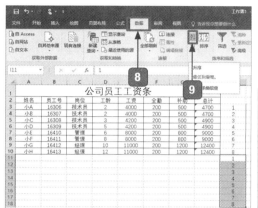

6 在后面的空白列中,从该列第三行开始,依次填入1、2,然后自动填充整列。就像序号一样,我们作为辅助列。

7 将我们刚刚的序号列复制到这列下面。

8 选择【数据】选项卡。

9 单击【升序】按钮。

10 在【排序提醒】对话框中单击【排序】按钮。

11 辅助阵列就变成了112233……各行之间就会多出一行空白格。

此时辅助列就没有了利用价值,为了表格的美观就狠心地把它抛弃吧。

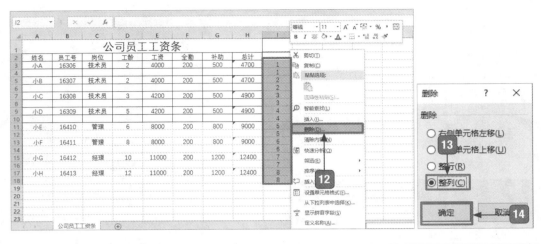

12 选中该列并右击，然后在弹出的列表
中选择【删除】选项。

13 在弹出的【删除】对话框中选中【整列】
单选按钮。

⒕ 单击【确定】按钮。

⒖ 删除此列之后的效果。

⒗ 选中第二行单元格区域。

⒘ 右击，在弹出的列表中选择【复制】选项。

⒙ 选中工作表区域，然后按【Ctrl+G】组合键。

⒚ 在弹出的【定位】对话框中单击【定位条件】按钮。

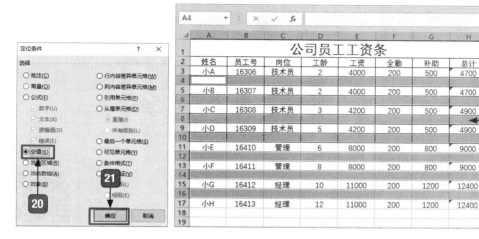

⒛ 在【定位条件】对话框中选中【空值】单选按钮。

㉑ 单击【确定】按钮。

㉒ 空白行就会变成蓝色的，然后选中任意一个蓝色单元格并右击。

㉓ 在弹出的快捷菜单中选择【粘贴选项】栏中的【粘贴】选项。

㉔ 公司员工工资条最终效果。

	A	B	C	D	E	F	G	H	I
			公司员工工资条						
1									
2	姓名	员工号	岗位	工龄	工资	全勤	补助	总计	
3	小A	16306	技术员	2	4000	200	500	4700	
4	姓名	员工号	岗位	工龄	工资	全勤	补助	总计	
5	小B	16307	技术员	2	4000	200	500	4700	
6	姓名	员工号	岗位	工龄	工资	全勤	补助	总计	
7	小C	16308	技术员	3	4200	200	500	4900	
8	姓名	员工号	岗位	工龄	工资	全勤	补助	总计	
9	小D	16309	技术员	5	4200	200	500	4900	
10	姓名	员工号	岗位	工龄	工资	全勤	补助	总计	
11	小E	16410	管理	6	8000	200	800	9000	
12	姓名	员工号	岗位	工龄	工资	全勤	补助	总计	
13	小F	16411	管理	8	8000	200	800	9000	
14	姓名	员工号	岗位	工龄	工资	全勤	补助	总计	
15	小G	16412	经理	10	11000	200	1200	12400	
16	姓名	员工号	岗位	工龄	工资	全勤	补助	总计	
17	小H	16413	经理	12	11000	200	1200	12400	
18									

加以美化之后既美观又准确的工资条就成功出炉啦……

痛点解析

小白： 大神啊，我好崩溃，看了你前面的图解，跟着操作感觉也没什么难的，跟着就学会了，可是 VLOOKUP 函数公式输入进去之后，为什么有时候总是显示不了预想的结果呢？你快救救我吧。

大神： 哈哈，别着急小白，VLOOKUP 函数的使用有几个易错的地方，我来给你解决。对了，每个公式的解释一定要仔细地看一下。

痛点 1：VLOOKUP 函数第 4 个参数少了或设置错误

实例：查找姓名时出现错误。

错误原因：VLOOKUP 函数的第 4 个参数为 0 时代表是精确查找，为 1 时代表模糊查找。如果忘了设置第 4 个参数则会被公式误认为是故意省略的，这时会进行模糊查找。当区域也不符合模糊查找的规则时，公式就会返回错误值。

解决办法：第 4 个参数改为 0。（注意，第 4 个参数是 0 的时候可以省略，但是"，"一定得保留。）

痛点 2：VLOOKUP 函数因格式不同查不到

实例：查找格式为文本型数字，被查找区域为数值型数字。

这种的代表是文本型数字

步骤：这种的代表是文本型数字。

错误原因：在 VLOOKUP 函数查找过程中，文本型数字和数值型数字被认为是不同的字符，所以造成查找错误。错误公式：=VLOOKUP(B14,A2:C10,1,0)。

解决办法：将文本型数字转换为数值型，即把公式改为：=VLOOKUP(B14*1,A2:C10,1,0)。

痛点 3：VLOOKUP 函数查找内容遇到空格

示例：单元格中含有多余的空格，会导致查找错误。

错误原因：有多余空格，用不带空格的字符查找肯定会出错的。

解决办法：手工替换掉空格就可以了。在公式中使用 TRIM 函数就可以，如原本公式是：=VLOOKUP(A9,A1:C10,2,0)；那就应该改为：=VLOOKUP(A9,TRIM(A1:C10),2,0)。

只要认真按照步骤操作，易错点也是不会犯错的。

大神支招

问：函数出错了怎么办？

Excel 中经常会使用到复杂公式，在使用复杂公式计算数据时如果公式出错或者对计算结果产生怀疑，可以分步查询公式，来查找错误位置。

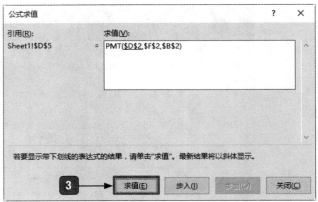

1 选择要分步计算的公式。

2 单击【公式】选项卡下【公式审核】选项组中的【公式求值】按钮。

3 单击【求值】按钮，查看第一步。

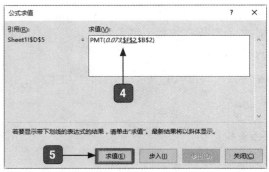
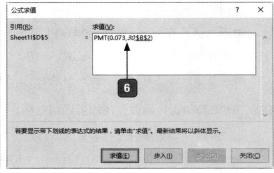

4 查看第 1 步计算结果。

5 再次单击【求值】按钮。

6 查看第 2 步计算结果。

7 重复单击【求值】按钮，即可计算出最终结果，如果公式有误，可以查找到错误出现的位置。计算完成，单击【关闭】按钮。

第06章

随心所欲进行数据管理与分析
——销售报表的数据分析

>>> 在 Excel 表格中，你会快速地分析处理数据吗？

>>> 如果给你一张很多数据的销售统计表，如何快速找出销售额最大的前几种商品？

>>> 分类汇总有什么作用？

这一章就来告诉你如何快速高效地处理分析数据！

6.1 数据的排序

小白：我这有一份长长的销售额数据表，如何找出销售额最大的商品呢？

大神：这个其实很简单，只要用到排序就行了嘛，你仔细看看接下来的内容就能学会啦。

小白：嗯。

6.1.1 一键快速排序

一键快速排序是我们经常使用的简单排序，它具有操作简单，快速的特点，以下将以"素材 \ch06\ 超市日销售报表"为例演示一键快速排序的过程。打开"素材 \ch06\ 超市日销售报表 1.xlsx"文件。具体操作步骤如下。

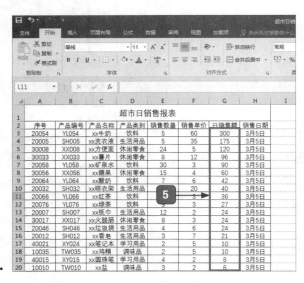

1 选中所需排序数据所在列的任意单元格。

2 选择【开始】选项卡。

3 单击【排序和筛选】按钮。

4 在弹出的下拉菜单中选择【降序】（或【升序】）选项。

5 降序（或升序）排列效果。

6.1.2 自定义排序

Excel 2016 也具有自定义排序功能，可以按照用户所需设置自定义排序序列，如将超市日销售报表按照产品类别排序。

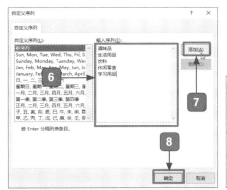

① 选中表格中任一单元格后，单击【开始】选项卡中的【排序和筛选】按钮。

② 在弹出的下拉菜单中选择【自定义排序】选项。

③ 将【主要关键字】设置为【产品类别】。

④ 在【次序】下拉列表框中【自定义序列】选项。

⑤ 删除该步骤及图注

⑥ 在【输入序列】文本框中输入用户所需的排序序列，每项条目间用【Enter】键隔开。

⑦ 单击【添加】按钮。

⑧ 单击【确定】按钮。

⑨ 返回【排序】对话框，单击【确定】按钮。

⑩ 自定义排序结果。

6.2 数据的筛选

如果手中有一张几万条数据的表格，而我们只需要其中几条数据，该如何快速找到所需要的信息呢？我们在处理数据时，会经常用到数据筛选功能来查看一些特定的数据。本节讲述几种常用的筛选功能：快速筛选、高级筛选和自定义筛选。

6.2.1 一键添加或取消筛选

1. 一键添加筛选

当我们只需要简单的筛选时，则用到一键添加筛选，打开"素材 \ch06\ 超市日销售报表 1.xlsx"文件。

1⃣ 单击表格内的任意单元格。

2⃣ 单击【开始】选项卡中的【排序和筛选】按钮，在弹出的下拉菜单中选择【筛选】选项。

3⃣ 单击【产品类型】的下拉按钮。

4⃣ 在出现的下拉列表中选中【生活用品】复选框（此处可多选）。

5⃣ 单击【确定】按钮。

6⃣ 一键添加筛选效果。

2. 取消筛选

当筛选数据后，需要取消筛选时，则有以下两种常用方式。

方法1

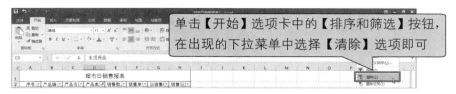

单击【开始】选项卡中的【排序和筛选】按钮，在出现的下拉菜单中选择【清除】选项即可

方法2

1️⃣ 单击【产品类型】下拉按钮。

2️⃣ 在下拉列表中选择【从"产品类别"中清除筛选】选项。

3️⃣ 单击【确定】按钮。

6.2.2 数据的高级筛选

在一些特殊的情况下我们需要高级筛选功能。例如，在"超市日销售报表"中将产品类型为饮料的数据筛选出来，打开"素材 \ch06\ 超市日销售报表 1.xlsx"文件。

1️⃣ 在表格外的 K2 和 K3 单元格分别输入【产品类别】和【饮料】。

2️⃣ 单击表格内任意单元格。

3️⃣ 单击【数据】选项卡内的【高级】按钮。

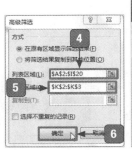 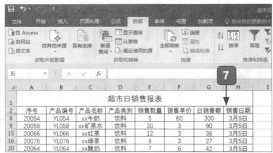

④ 选中表格内"$A$2:$I$20"区域。　　⑥ 单击【确定】按钮。

⑤ 选中表格内"$K$2:$K$3"区域。　　⑦ 数据高级筛选结果。

6.2.3 自定义筛选

自定义筛选是用户自定义的筛选条件，也经常会用到，常用的有以下 3 种方式。

1. 模糊筛选

打开"素材\ch06\超市日销售报表 1.xlsx"文件。将超市日销售报表中产品编号为"SH007"的记录筛选出来。

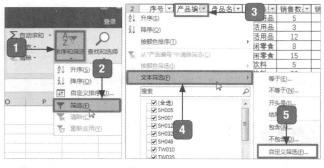 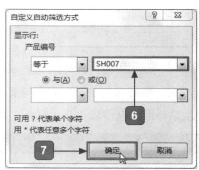

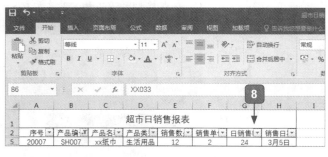

① 打开表格，单击【开始】选项卡中的【排序和筛选】按钮。

② 在弹出的下拉菜单中选择【筛选】选项。

③ 单击【产品编号】的下拉按钮。

④ 在弹出的下拉菜单中选择【文本筛选】选项。

⑤ 在级联列表中选择【自定义筛选】选项。

⑥ 在【产品编号】栏中输入【SH007】。

⑦ 单击【确定】按钮。

⑧ 自定义筛选结果。

2. 范围筛选

打开"素材\ch06\超市日销售报表1.xlsx"文件。将日销售额大于等于100的商品筛选出来。

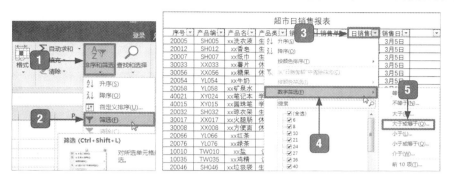

1️⃣ 打开表格，单击【开始】选项卡中的【排序和筛选】按钮。

2️⃣ 在弹出的下拉菜单中选择【筛选】选项。

3️⃣ 单击【日销售额】下拉按钮。

4️⃣ 在弹出的下拉列表中选择【数字筛选】选项。

5️⃣ 在级联列表中选择【大于或等于】选项。

6️⃣ 在【日销售额】栏中输入【100】。

7️⃣ 单击【确定】按钮。

8️⃣ 范围筛选结果。

3. 通配符筛选

打开"素材\ch06\超市日销售报表1.xlsx"文件，将表格中的茶类饮料筛选出来。

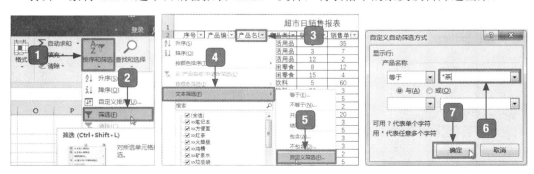

1. 打开表格,单击【开始】选项卡中的【排序和筛选】按钮。

2. 在弹出的下拉菜单中选择【筛选】选项。

提示:
输入对话框的筛选条件文字要和表格中的文字保持一致。

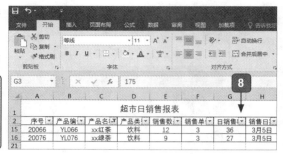

3. 单击【产品名称】下拉按钮。

4. 在弹出的下拉列表中选择【文本筛选】选项。

5. 在级联列表中选择【自定义筛选】选项。

6. 在【产品名称】栏中输入【*茶】。

7. 单击【确定】按钮。

8. 则名称中带有"茶"的产品筛选出来。

6.3 数据验证的应用

小白:数据验证是什么?设置它有什么作用呢?

大神:符合条件的数据允许输入,不符合条件的数据则不能输入,这就是数据验证。

小白:设置它有什么作用呢?

大神:设置数据验证可以在很大程度上防止输入数据时不小心输入错误。

小白:懂了,这样可以节省很多检查错误的时间呢。

1. 设置产品序号长度验证

产品序号的长度一般都是由固定位的数字组成,设置长度验证后,当输入的产品序号位置不正确时,就会弹出提示窗口提醒。打开"素材\ch06\超市日销售报表 1.xlsx"文件。

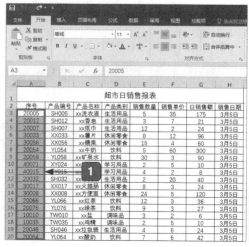

1. 选中【序号】列数据。

2. 选择【数据】选项卡。

3. 单击【数据验证】按钮。

4. 在弹出的下拉菜单中选择【数据验证】选项。

5 在【允许】下拉列表中选择【文本长度】选项。

6 在【数据】下拉列表中选择【等于】选项。

7 在【长度】文本框中输入数字【5】。

8 单击【确定】按钮，设置成功。

9 当输入产品序号位数不为5时，将弹出此窗口。

2. 设置输入信息时的提示

在设置好序号位数验证后，我们还可以设置在输入序号时的提示信息，具体操作步骤如下。

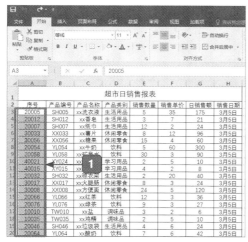

1 选中【序号】列数据。

2 选择【数据】选项卡。

3 单击【数据验证】按钮。

4 在弹出的下拉菜单中选择【数据验证】选项。

5 在【数据验证】对话框中选择【输入信息】选项卡。

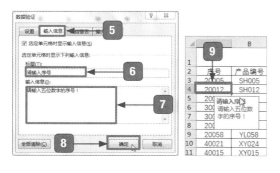

6 在【标题】文本框中输入【请输入序号】。

7 在【输入信息】文本框中输入【请输入五位数字的序号！】。

8 单击【确定】按钮。

9 当选择【序号】列单元格时，则出现提示。

6.4 合并计算的应用

合并计算可以将多个表格中的数据合并在同一个表格中，便于查看、对比、和汇总，在超市日销售报表中，可以将3月5号和3月6号的销售报表汇总在一个表格中，具体操作步骤如下。

超市日销售报表

序号	产品编号	产品名称	产品类别	销售数量	销售单价	日销售额	销售日期
20005	SH005	xx洗衣液	生活用品	5	35	175	3月5日
20012	SH012	xx香皂	生活用品	3	7	21	3月5日
20007	SH007	xx纸巾	生活用品	12	2	24	3月5日
30033	XX033	xx薯片	休闲零食	8	12	96	3月5日
30056	XX056	xx糖果	休闲零食	15	4	60	3月5日
20054	YL054	xx牛奶	饮料	5	60	300	3月5日
20058	YL058	xx矿泉水	饮料	30	3	90	3月5日
40021	XY024	xx笔记本	学习用品	2	5	10	3月5日
40015	XY015	xx圆珠笔	学习用品	4	2	8	3月5日
20032	SH032	xx晾衣架	生活用品	2	20	40	3月5日
30017	XX017	xx火腿肠	休闲零食	8	3	24	3月5日
30008	XX008	xx方便面	休闲零食	24	5	120	3月5日
20066	YL066	xx红茶	饮料	12	3	36	3月5日
20076	YL076	xx绿茶	饮料	9	3	27	3月5日
10010	TW010	xx盐	调味品	3	2	6	3月5日
10035	TW035	xx鸡精	调味品	2	5	10	3月5日
20046	SH046	xx垃圾袋	生活用品	4	6	24	3月5日
20064	YL064	xx酸奶	饮料	7	6	42	3月5日

Sheet1 | Sheet2 | +

超市日销售报表

序号	产品编号	产品名称	产品类别	销售数量	销售单价	日销售额	销售日期
20005	SH005	xx洗衣液	生活用品	2	35	70	3月6日
20012	SH012	xx香皂	生活用品	2	7	14	3月6日
20007	SH007	xx纸巾	生活用品	5	2	10	3月6日
30033	XX033	xx薯片	休闲零食	8	12	96	3月6日
30056	XX056	xx糖果	休闲零食	10	4	40	3月6日
20054	YL054	xx牛奶	饮料	5	60	300	3月6日
20058	YL058	xx矿泉水	饮料	30	3	90	3月6日
40021	XY024	xx笔记本	学习用品	10	5	50	3月6日
40015	XY015	xx圆珠笔	学习用品	4	2	8	3月6日
20032	SH032	xx晾衣架	生活用品	3	20	60	3月6日
30017	XX017	xx火腿肠	休闲零食	15	3	45	3月6日
30008	XX008	xx方便面	休闲零食	24	5	120	3月6日
20066	YL066	xx红茶	饮料	12	3	36	3月6日
20076	YL076	xx绿茶	饮料	11	3	33	3月6日
10010	TW010	xx盐	调味品	3	2	6	3月6日
10035	TW035	xx鸡精	调味品	2	5	10	3月6日
20046	SH046	xx垃圾袋	生活用品	8	6	48	3月6日
20064	YL064	xx酸奶	饮料	5	6	30	3月6日

Sheet1 | Sheet2 | +

1️⃣ 在【Sheet1】工作表中打开"素材\ch06\超市日销售报表1.xlsx"文件。

2️⃣ 在【Sheet2】工作表中打开"素材\ch06\超市日销售报表2.xlsx"文件。

3️⃣ 选中【Sheet1】工作表 I2 单元格，然后选择【数据】选项卡。

4️⃣ 单击【合并计算】按钮。

5️⃣ 单击【引用位置】折叠框。

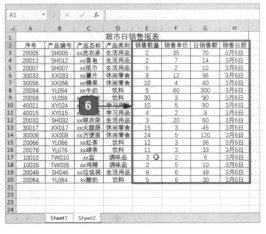

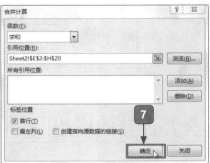

 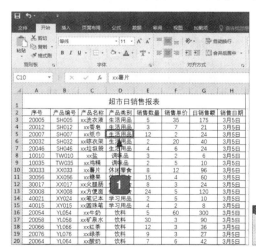

6 进入【Sheet2】表格选中 E2:H20 单元格区域。

7 返回【合并计算】对话框，单击【确定】按钮。

8 合并计算结果。

6.5 让数据更有层次感的分类汇总

小白：那分类汇总又有什么用呢？

大神：在处理数据时，更是少不了将各类数据分类汇总，它可以使数据看起来更清晰直观，有利于数据的整理和分析。

小白：顾名思义，就是把相同分类的数据分别汇总在一起吗？

大神：厉害了，就是这个意思。

6.5.1 一键分类汇总

一键分类汇总是一种快速分类汇总方式，将超市日销售报表中的数据按照产品类型进行快速分类汇总，打开"素材 \ch06\ 超市日销售报表 1.xlsx"文件。具体操作步骤如下。

1 对【产品类别】进行排序后，单击【产品类别】下任意一个单元格。

2 选择【数据】选项卡。

3 单击【分类汇总】按钮。

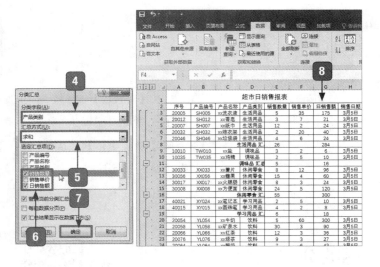

4 在【分类字段】下拉列表
框中选择【产品类别】选项。

5 在【汇总方式】下拉列表
框中选择【求和】选项。

6 在【选定汇总项】列表框
中选中【销售数量】和【日
销售额】复选框。

7 单击【确定】按钮。

8 分类汇总整理后的结果。

6.5.2 显示或隐藏分级显示中的明细数据

显示或隐藏分级显示中的明细数据可以只看自己想看到的分类汇总数据，将分类汇总好
的表格中产品类别为休闲零食的汇总数据隐藏和显示的具体操作步骤如下。

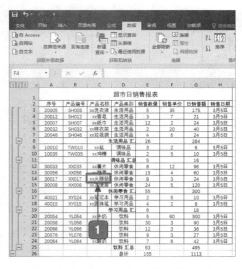

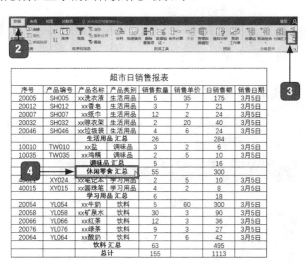

1 选中【休闲零食汇总】组内任意一个
单元格。

2 选择【数据】选项卡。

3 单击【分级显示】组中的【隐藏明细
数据】图标。

4 【休闲零食汇总】组隐藏成功。

如需要显示隐藏的数据，则单击上图表格内【休闲零食汇总】单元格后，进行如下操作。

1 选择【数据】选项卡。

2 单击【分级显示】组中的【显示明细数据】图标即可。

6.5.3 删除分类汇总

当我们不需要分类汇总时，可以将其删除。具体操作过程如下。

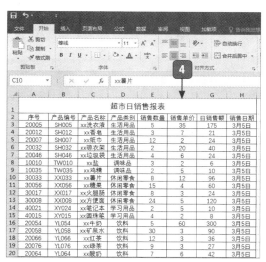

1 选中分类汇总后表格内任意一个单元格后，选择【数据】选项卡。

2 单击【分类汇总】按钮。

3 在【分类汇总】对话框中单击【全部删除】按钮。

4 表格最终结果。

6.6 综合实战——销售报表的数据分析

大神：既然本章已经看到了这里，那么相信你已经掌握了初级的数据管理和分析了吧。

小白：嗯嗯，有点跃跃欲试呢。

大神：那好，接下来我们还将以"文具店销售报表"为例，进行综合实战，对销售报表进行汇总和分析。用我们之前讲过的方法，让我来看看你做得怎么样吧。

以下为文具店销售报表的数据分析过程，具体操作步骤如下。

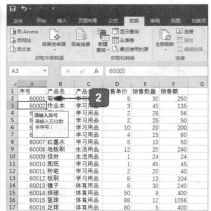

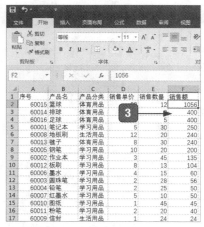

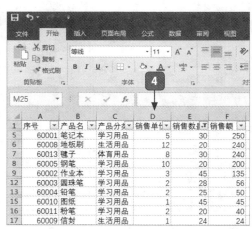

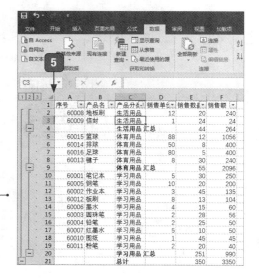

1️⃣ 打开"素材\ch06\文具店销售报表.xlsx"文件。

2️⃣ 设置数据验证，对【序号】设置提示的数据验证，便于数据的输入和整理。

3️⃣ 将数据按照【销售额】降序排列，以观察对比各种产品的销售情况。

4️⃣ 筛选数据，将表格中【销售数量】大于等于20的产品筛选出来。

5️⃣ 对数据按照【产品分类】进行分类汇总，则对此销售报表的简单数据分析完成。

至此，对这个表格的分析处理就完成了。销售数量最高的是图纸和作业本，其他产品的销售数量也很多，由此可得文具店最畅销的产品还是本子和笔。然而销售额最高的却是体育器材，这是因为体育器材大多数都较为昂贵。如果你有兴趣做一些更有趣的数据处理，那就来尝试吧！

痛点解析

在使用 Excel 处理表格数据时经常会遇到一些有点难办的问题，那么在这里就偷偷告诉你一些实用的小技巧来帮你解决这些问题，快来看看吧！

痛点 1：让表中的序号不参与排序

有时候在对数据进行排序时，并不需要对序号也进行排序。打开"素材 \ch06\ 成绩表 .xlsx"文件。具体操作步骤如下。

1 选中需要排序的区域。

2 选择【数据】选项卡。

3 单击【排序】按钮。

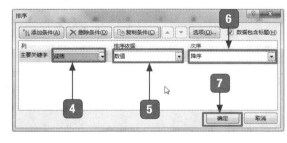

▲	A	B	C
1	序号	姓名	成绩
2	1	梁静	95
3	2	徐婷	90
4	3	张丽	87
5	4	安然	80
6	5	王封	66
7	6	夏明	45

4 将【主要关键字】文本框设置为【成绩】。

5 将【排序依据】文本框设置为【数值】。

6 将【次序】文本框设置为【降序】。

7 单击【确定】按钮。

8 降序排序结果。

痛点 2：删除表格中的空白行

有时候表格中会有一些空白行存在，我们可以通过筛选将空白行筛选出来，然后删除。打开"素材 \ch06\ 空白行 .xlsx"文件。具体操作步骤如下。

133

1 打开表格，选中 A1 到 A9 单元格区域。

2 选择【数据】选项卡。

3 单击【筛选】按钮。

4 单击【序号】下拉按钮。

5 在出现的下拉列表中取消选中【全选】复选框，选中【空白】复选框。

6 单击【确定】按钮。

7 右击筛选后的空白行。

8 在出现的快捷菜单中选择【删除行】选项。

9 在出现的提示框中单击【确定】按钮。

10 删除空白行成功。

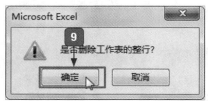
大神支招

问：**使用手机办公，记住客户的信息很重要，如何才能使通讯录永不丢失**？

人脉管理日益受到现代人的普遍关注和重视。随着移动办公的发展，越来越多的人脉数据会被记录在手机中，掌管好手机中的人脉信息就显得尤为重要。

1. 永不丢失的通讯录

如果手机丢了或者损坏，就不能正常获取通讯录中联系人的信息，为了避免意外的发生，可以在手机中下载"QQ同步助手"应用，将通讯录备份至网络，发生意外时，只需要使用同一账号登录"QQ同步助手"，然后将通讯录恢复到新手机中即可，让你的通讯录永不丢失。

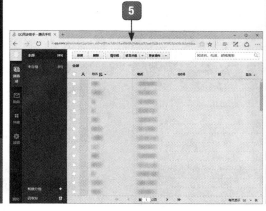

① 打开 QQ 同步助手，点击【设置】按钮。

② 在出现的界面中点击【登录】按钮，登录 QQ 同步助手。

③ 在出现的界面中点击【备份到网络】按钮。

④ 显示备份进度。

⑤ 打开浏览器，输入网址 http://ic.qq.com，即可查看到备份的通讯录。

⑥ 点击【恢复到本机】按钮，即可恢复通讯录。

2. 合并重复的联系人

有时通讯录中某些联系人会有多个电话号码，也会在通讯录中保存多个相同的姓名，有时同一个联系方式会对应多个联系人。这种情况会使通讯录变得臃肿杂乱，影响联系人的准确快速查找。这时，使用 QQ 同步助手就可以将重复的联系人进行合并，解决通讯录联系人重复的问题。

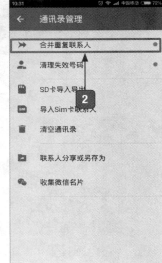
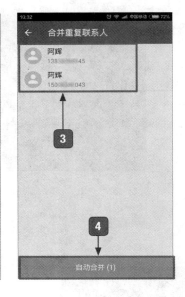

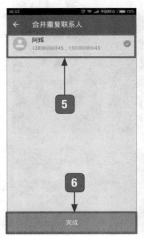

1️⃣ 进入 QQ 同步助手【设置】界面，选择【通讯录管理】选项。

2️⃣ 在出现的界面中选择【合并重复联系人】选项。

3️⃣ 在出现的界面中显示可合并的联系人。

4️⃣ 点击【自动合并】按钮。

5️⃣ 在出现的界面中显示合并结果。

6️⃣ 点击【完成】按钮。

7️⃣ 在出现的【合并成功】提示框中点击【立即同步】按钮，重新同步通讯录。

第7章

>>> 你在给领导汇报时，还在一条条解释吗？
>>> 你真的会做图表吗？
>>> 你的图表漂亮吗？
>>> 你的图表能准确地说明问题吗？
>>> 你的图表真的会说话吗？

这一章，就让图表来替你说话！

创建会说话的专业图表
——制作营销分析图表

7.1 正确选择图表的类型

Excel 2016 有 14 种不同类型的图表，而不同类型的表格适合不同类型的数据，接下来我们将一一介绍这些图表并且说明它们都适合哪些数据类型，便于用户根据需要正确选择图表的类型。

1. 柱状图——用垂直条显示差别对比

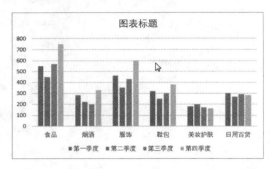

柱状图是用垂直条来表示物品数据在不同时期的差别或相同时期内不同数据的差别，因此它具有明显对比、数据清晰直观的特点，多用于强调数据随时间的变化。

2. 折线图——显示数据的变化趋势

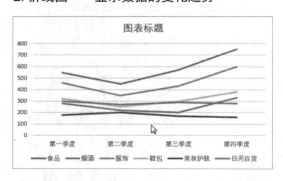

折线图一般用来显示数据随时间变化的趋势。例如，数据在一段时间内是呈增长趋势，或者下降趋势，可以用折线图清晰明了地显示出来。

3. 饼图——显示各项数据所占的百分比

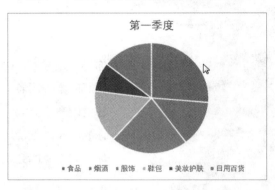

饼图用于对比各个数据所占总体的百分比，整个饼图代表所有数据之和，其中每一块就是某个单项数据。

4. 条形图——描述各项类型数据之间的差别比较

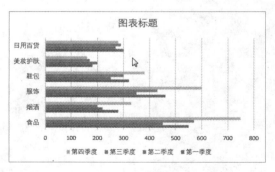

条形图是用水平条来表示各项数据，虽然看起来和柱状图类似，但条形图更倾向于表示各项数据类型之间的差异，使用水平条来弱化时间的变化，强调突出数据之间的比较。

5. 面积图——显示变动幅度

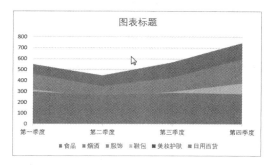

面积图直接使用大块面积表示数据，突出了随时间变化的数值变化量，用于显示一段时间内数值的变化幅度，同时也可以看出整体的变化。

6.XY（散点图）——显示不同点之间的数值变化关系

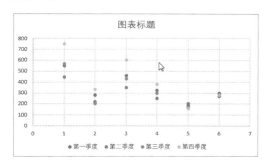

XY（散点图）用来显示值集之间的关系，通常用于表示不均匀的时间段内数据变化，此外，散点图的重要作用是可以快速精准地绘制函数曲线，因此在教学、科学计算中经常用到。

7. 股价图——显示股票的变化趋势

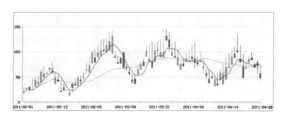

股价图是具有 3 个数据序列的折线图，多用于金融、商贸行业，用来描述股票价格趋势和成交量，可以显示一段时间内股票的最高价、最低价和收盘价。

8. 曲面图——在曲面上显示多个数据

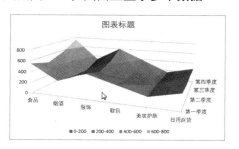

曲面图显示的是数据点之间的三维曲面图，适用于寻找两组数据之间的最佳组合。

9. 雷达图——显示相对于中心点的值

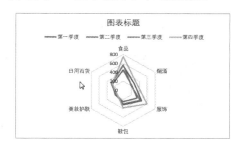

雷达图每个数据都有自己的坐标轴，显示数据相对于中心点的波动值。显示独立数据之间，以及某个特定的整体体系之间的关系。

10. 树状图——用矩形显示数据所占的比例

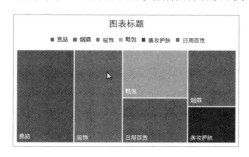

树状图侧重于数据的分析与展示，使用矩形显示层次级别中的比例。

11. 旭日图——用环形显示数据关系

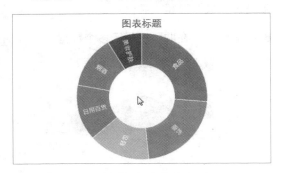

旭日图可以清晰地表达层次结构中不同级别的值和其所占的比值，以及各个层次之间的归属关系。

12. 直方图——用于展示数据型数据

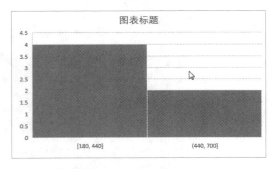

直方图中一般横轴表示数据类型，纵轴表示数据分布情况，面积表示各组频数的多少，用于展示数据。

13. 箱形图——显示一组数据的变体

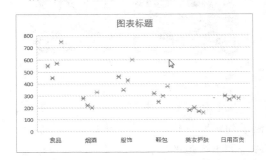

箱形图一般用于显示数据的分散情况。

14. 瀑布图——显示数值的演变

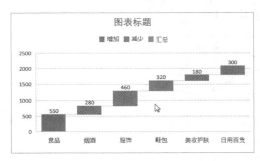

瀑布图适用于表达各个相邻数据之间的关系。

7.2 常见图表的创建

小白：图表的各种类型我了解了，那接下来图表应该怎样创建呢？

大神：别急别急，看我们接下来的内容你就知道如何创建图表啦。

小白：那创建图表都有什么方法呢？

大神：在这里我们会介绍 3 种方法创建图表，每小节介绍一种，你要仔细看哦。

7.2.1 创建显示差异的图表

首先是最方便的快捷键创建图表，这节我们采用这种方式。打开"素材 \ch07\ 商场销售统计分析表 .xlsx"文件，以条形图为例，使用快捷键创建显示各种产品销售差异的柱状图。具体操作步骤如下。

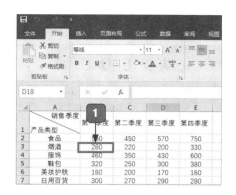

① 打开表格，选中任意一个数据单元格。

② 按【F11】键，完成柱形图创建。

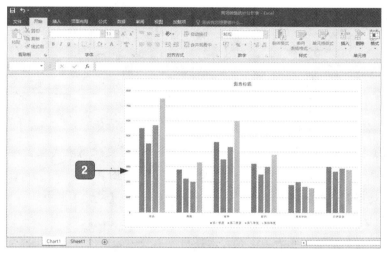

7.2.2 创建显示趋势的图表

打开"素材 \ch07\ 商场销售统计分析表 .xlsx"文件。这里我们将使用功能区创建一个折线图来显示产品销售额随季度的变化趋势。具体操作步骤如下。

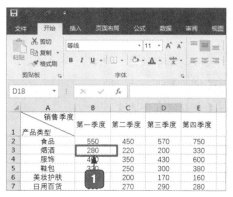

① 打开表格，选中任意一个数据单元格。

② 选择【插入】选项卡。

③ 单击【折线图】图标。

④ 在弹出的下拉列表中选中一种折线图。

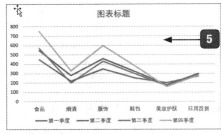

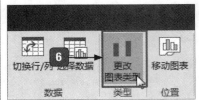

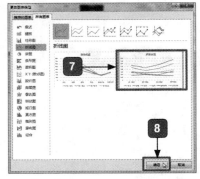

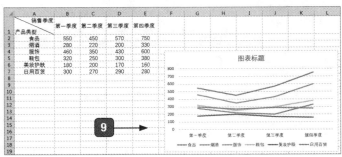

⑤ 则出现如图所示折线图。

⑥ 如果要将横坐标改为季度，单击【更改图表类型】按钮。

⑦ 在【更改图表类型】对话框中选择需要的图表。

⑧ 单击【确定】按钮。

⑨ 图表完成效果。

可以显示变化趋势的图表有很多种，在这里以最常用的折线图为例讲述创建过程，若需要其他图表，则过程相同。

7.2.3 创建显示关系的图表

现在我们使用第三种常用的方式——利用图表向导创建 XY（散点图），它可以显示不同点之间的数值变化关系。打开"素材\ch07\商场销售统计分析表.xlsx"文件，具体操作步骤如下。

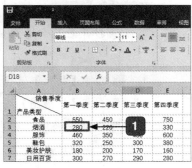

① 打开表格，选中任意一个数据单元格。

② 选择【插入】选项卡。

③ 单击【查看所有图表】图标。

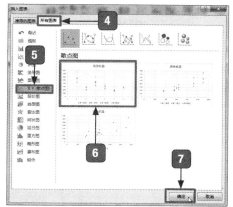

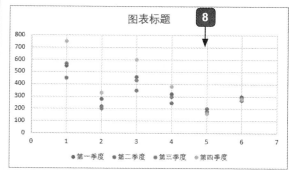

4 选择【所有图表】选项卡。　　　　　7 单击【确定】按钮。

5 选择【XY（散点图）】选项。　　　　8 散点图创建成功。

6 选中【散点图】栏中的第一个图表。

7.3 编辑图表

小白：创建图表后，想要进一步编辑应该怎么做呢？

大神：不用怕，这个也是非常简单的，接下来你就按照我说的去做，肯定能做出既漂亮又实用的表格！

7.3.1 图表的移动与缩放

创建图表后如果觉得大小和位置不合适，就可以对大小和位置进行调整，以达到自己想要的效果。打开"素材\ch07\商场销售统计分析表（柱状图）.xlsx"文件，具体操作步骤如下。

1. 移动图表

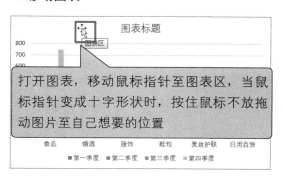

打开图表，移动鼠标指针至图表区，当鼠标指针变成十字形状时，按住鼠标不放拖动图片至自己想要的位置

2. 缩放图表

打开图表，并单击图表，图表出现如图边框后，移动鼠标指针至小圆圈处，按住鼠标不放拖动便可完成图表的放大与缩小

7.3.2 更改图表类型

有时候创建好图表后，会发现图表并不能满足自己的要求，这时候我们就需要更改图表的类型。打开"素材\ch07\商场销售统计分析表（柱状图）.xlsx"文件，以此为例将柱状图改为折线图，具体操作步骤如下。

1 打开表格，选中表格。

2 选择【设计】选项卡。

3 单击【更改图表类型】按钮。

4 在【更改图标类型】对话框中选择【折线图】选项。

5 在【折线图】栏中选择所需要的折线图类型。

6 单击【确定】按钮。

7 图表类型修改成功。

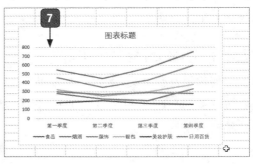

若需要修改成其他类型图表，则操作步骤相同。

7.3.3 设置组合图表

有时候需要做组合图表来展示数据，那么我们就需要设置组合图表，打开"素材\ch07\商

场销售统计分析表.xlsx"文件，创建柱状图—折线图的组合图表，具体操作步骤如下。

1. 打开表格，选中任意一个数据单元格。
2. 选择【插入】选项卡。
3. 单击【查看所有图表】图标。
4. 在【插入图表】对话框中选择【组合】选项。
5. 单击【确定】按钮。
6. 组合图表创建成功。

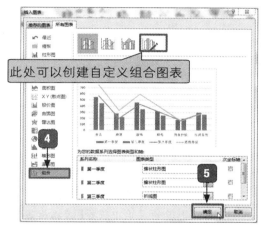

此处可以创建自定义组合图表

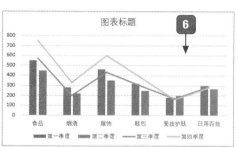

7.3.4 添加图表元素

添加图表元素可以让图表更细化，数据更清晰，在这里我们讲解如何添加图表标题、添加数据标签和添加数据表这3种常用的添加图表元素，若需要添加其他元素，过程与此类似，这就需要你自己慢慢探索。打开"素材\ch07\商场销售统计分析表（柱状图）.xlsx"文件，具体操作步骤如下。

1. 添加图表标题

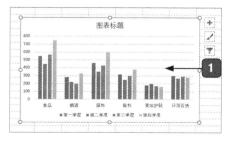

1. 打开表格，选中图表。
2. 选择【设计】选项卡。
3. 单击【添加图表元素】按钮。

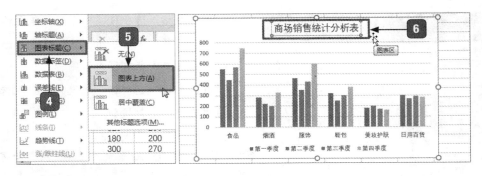

4 在出现的菜单中选择【图表标题】选项。

5 在级联菜单中选择【图表上方】选项。

6 在图表上方文本框中输入【商场销售统计分析表】。

7 添加图表标题完成效果。

2. 添加数据标签

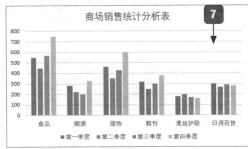

1 打开表格,选中图表。

2 选择【设计】选项卡。

3 单击【添加图表元素】按钮。

4 在出现的菜单中选择【数据标签】选项。

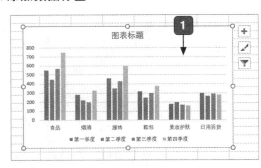

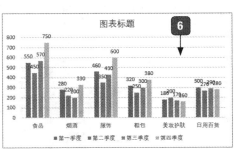

5 在级联菜单中选择【数据标签外】选项。

6 添加数据标签完成效果。

3. 添加数据表

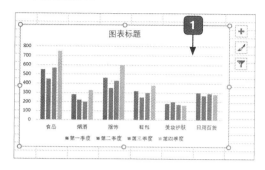

① 打开表格，选中图表。

② 选择【设计】选项卡。

③ 单击【添加图表元素】按钮。

④ 在出现的菜单中选择【数据表】选项。

⑤ 在级联菜单中选择【显示图例项标示】选项。

⑥ 添加数据表完成效果。

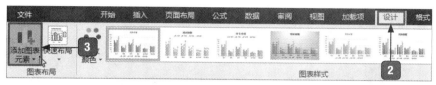

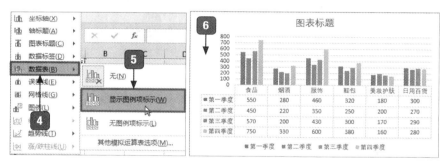

7.3.5 设置图表格式

设置图表格式可以使图表更加美化，一般有调整图表布局和修改图表样式两种。打开"素材 \ch07\ 商场销售统计分析表（柱状图）.xlsx"文件，具体操作步骤如下。

1. 调整图表布局

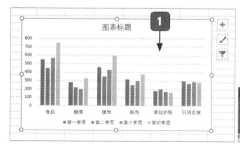

① 打开表格，选中图表。

② 选择【设计】选项卡。

③ 单击【快速布局】按钮。

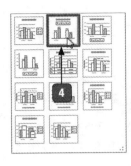 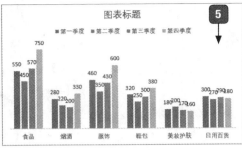

④ 在弹出的列表中选
择所需要的布局。

⑤ 调整图表布局完成
效果。

2. 修改图表样式

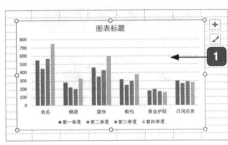

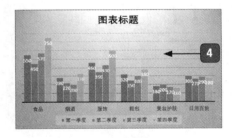

① 打开表格，选中图表。

② 选择【设计】选项卡。

③ 在【图标样式】组中选择需要的图表样式。

④ 修改图表样式完成效果。

到此，就完成了图表格式的设置了，赶快去动手试试吧。

7.4 高级图表的制作技巧

小白：我见到过那种会动的图表，那个应该怎么做呢？

大神：那个是用到高级图表的制作技巧了，所以本节我们讲解制作动态图表、悬浮图表和温
度计图表。

小白：那学会后我是不是就是真正的制作图表高手了？

大神：是呀，想要成为更加专业的大神，那就来学习本节的高级图表制作技巧吧。

7.4.1 制作动态图表

制作动态图表的方式有很多种，这里我们介绍一种简单的筛选动态图表。打开"素材\
ch07\商场销售统计分析表.xlsx"文件，具体操作步骤如下。

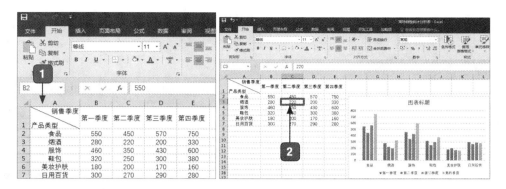

① 打开表格，创建柱状图。

② 选中表格中任意一个单元格。

③ 选择【数据】选项卡。

④ 单击【筛选】按钮。

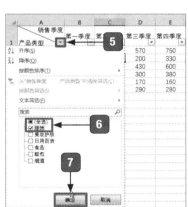

⑤ 单击【产品类型】下拉按钮。

⑥ 在弹出的列表中取消选中【（全选）】复选框，选中【服饰】复选框。

⑦ 单击【确定】按钮。

⑧ 动态图表效果。

若是需要图表展示其他数据，改变筛选条件，动态图表就会跟着变化了！

7.4.2 制作悬浮图表

悬浮图表就像是漂浮在数据表格之中，样式非常好看。打开"素材 \ch07\ 商场销售统计分析表 .xlsx"文件，具体操作步骤如下。

① 选中表格中任意一个单元格。

② 选择【插入】选项卡。

③ 单击【柱状图】按钮。

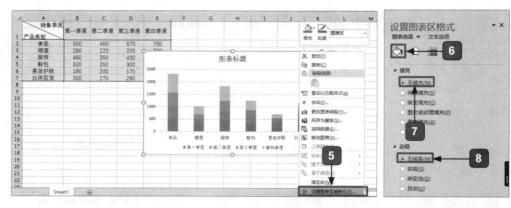

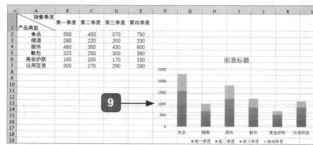

4 在出现的列表中选择【堆积柱状图】选项。

5 选择【设置图表区域格式】选项。

6 单击【填充】图标。

7 在【填充】栏中选中【无填充】单选按钮。

8 在【边框】栏中选中【无线条】单选按钮。 9 悬浮图表制作成功。

到此悬浮图表就初步制作完成啦，这里使用的是堆积柱状图，如果你需要，也可以制作成其他图表，最后对悬浮图表进行美化和设置就大功告成啦！

7.4.3 制作温度计图表

有一种类似于温度计的图表可以展示出实际数据与目标值的差距，其实它是一种柱形图的延伸图表，那么我们如何制作这种图表呢？这里我们讲解一个比较简单的温度计图表的制作过程。具体操作步骤如下。

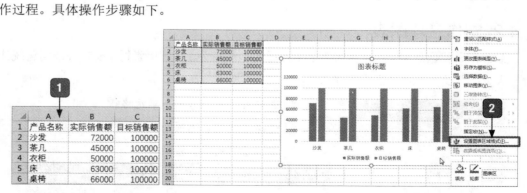

1 打开表格，创建柱状图。

2 右击图表，在出现的快捷菜单中选择

【设置图表区域格式】选项。

3 单击【系列选项】右侧 ▾ 按钮。

4 选择【系列"实际销售额"】选项。

5 单击柱状图图标。

6 将【系列重叠】设置为【100%】。

7 右击【数据条】，在出现的快捷菜单中选择【选择数据】选项。

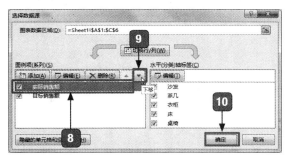

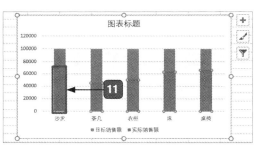

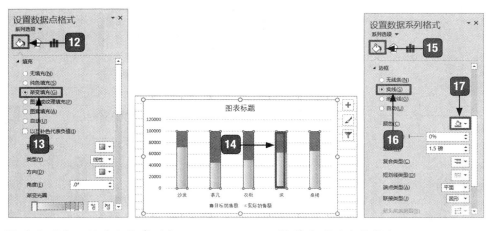

8 选中【实际销售额】复选框。

9 单击【下移】按钮。

10 单击【确定】按钮。

11 右击【实际销售额数据条】。

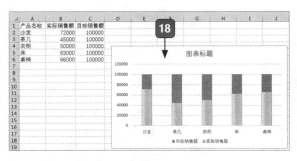

12 单击【填充】图标。

13 在【填充】栏中选中【渐变填充】单选按钮。

14 右击【目标数据条】。

15 单击【填充】按钮。

16 在【边框】栏选中【实线】单选按钮。

17 选择颜色。

18 温度计图表制作完成！

7.5 综合实战——制作营销分析图表

既然本章内容都看完了，那么就和我们一起来进行实战演练吧！打开"素材\ch07\第一季服饰销售统计.xlsx"文件，用这个表格来制作营销分析图表。具体操作步骤如下。

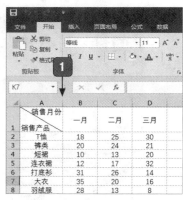

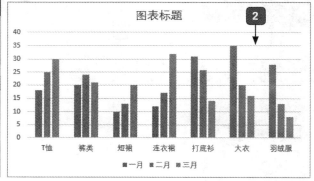

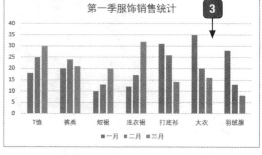

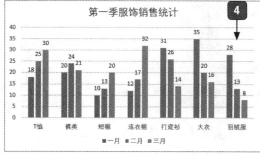

1 打开表格。

2 创建柱状图，基础表格创建成功后，已经能看出各类数据的差异和区别。

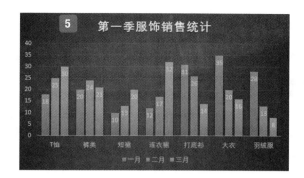

3. 在表格上部中间添加标题【第一季服饰销售统计】。

4. 添加数据标签后，可以更清晰地看出数据的明细和分布。

5. 对图表的布局和格式进行修改，以达到美观的效果，那么第一季服饰销售的营销分析就完成了。

痛点解析

痛点 1：制作双纵轴坐标轴图表

有时候需要用到双纵轴坐标轴图表，那么我们就在这里讲述一下这种特殊表格的创建。打开"素材 \ch07\ 手机销售统计表 .xlsx"文件，具体操作步骤如下。

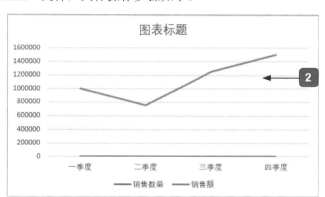

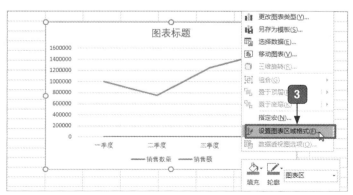

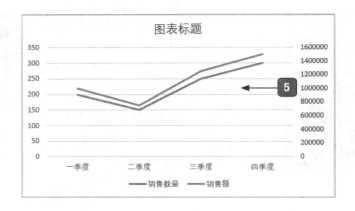

① 选中表格任意一个单元格。

② 创建折线图。

③ 右击图表，在出现的快捷菜单中选择【设置图表区域格式】选项。

④ 选中【次坐标轴】单选按钮。

⑤ 双纵轴坐标轴图表制作完成。

痛点2：创建迷你图

在 Excel 表格中还有一种图表——迷你图表。它是一种小型图表，可以直接放在单个单元格中，因此经过压缩的迷你图可以简明直观地显示大量数据集反映的图案，这里以迷你折线图为例，打开"素材 \ch07\ 商场销售统计分析表 .xlsx"文件，具体操作步骤如下。

① 打开表格。

② 选择【插入】选项卡。

③ 单击【折线图】图标。

④ 在【数据范围】引用框中选择表格"B2:E7"区域。

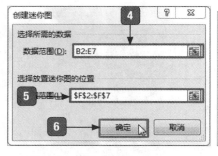

⑤ 将迷你图的放置位置设置为表格"$F$2:$F$7"区域。

⑥ 单击【确定】按钮。

⑦ 迷你折线图创建完成！

问：手机通讯录或微信中包含有很多客户信息，能否将客户分组管理，方便查找呢？

使用手机办公，必不可少的就是与客户的联系，如果通讯录中客户信息太多，可以通过分组的形式管理，不仅易于管理，还能够根据分组快速找到合适的人脉资源。

1. 在通讯录中将朋友分类

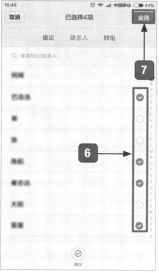

1 打开通讯录界面，选择【我的群组】
选项。

2 在打开的界面中点击【新建群组】按钮。

3 在打开的界面中输入群组名称。

4 点击【确定】按钮。

5 在出现的界面中，点击【添加】按钮。

6 在通讯录中选择要添加的名单。

7 点击【全选】按钮。

8 完成分组。

9 点击【返回】按钮，重复上面的步骤，
继续创建其他分组。

2. 微信分组

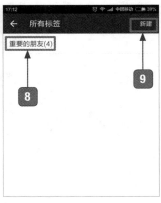

1 打开微信，点击【通讯录】
按钮。

2 选择【标签】选项。

3 在出现的界面中点击【新建
标签】按钮。

4 选择要添加至该组的朋友。

5 点击【确定】按钮。

6 在标签名字栏输入标签名称。

7 点击【保存】按钮。

8 完成分组创建。

9 点击【新建】按钮，可创建其他分组
标签。

第8章

表格利器：数据透视表——各产品销售额分析报表

>>> 数据太多让你眼花缭乱的时候，你是不是想，要是我能一部分一部分看数据该多好啊！

>>> 可是前面学的筛选、排序都用不上，怎么办？

这一章就来教你制作表格利器！

8.1 数据透视表的定义

"透视"？！别想歪了哈，这个词只是想表达它能让你更加清楚地看到自己想要的数据。具体地说，数据透视表是一种可以进行计算的交互式的表，它可以动态地排版，以便于从不同角度、不同方式来分析数据。

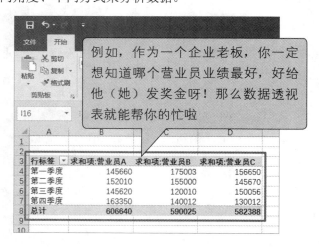

例如，作为一个企业老板，你一定想知道哪个营业员业绩最好，好给他（她）发奖金呀！那么数据透视表就能帮你的忙啦

8.2 整理数据源

不是所有的数据源都可以做数据透视表哦，Excel 列表、外部数据源、多个独立的 Excel 列表这三类才是有效的数据源。

8.2.1 判断数据源是否可用

（1）制作数据透视表时，既然要"透视数据"，就一定要有数据才行呀！要框选具体的数据，不能是空的内容，否则就会出现以下提示。

（2）如果你用的文件类似这样——文件教学大纲 [1]，那文件也可能会引用无效，那是因为文件名中含有"[]"符号，把它去掉就可以了！

8.2.2 将二维表整理为一维表

不知道什么是二维表？好吧，我给你举个例子。如下图所示，某一个营业额，它有两个属性：营业员的业绩和某个季度。像这样一种数据有两种属性的表格，就是二维表。我们在制作数据透视表时，一般都会把二维表转换成一维表，下面我就来教你如何转换。

首先打开"素材 \ch08\ 商场各季度产品销售情况表 .xlsx"文件，具体操作步骤如下所述。

1 按【Alt+D】组合键，弹出如下提示，但图中并没有说明如何操作转换为一维表，没关系，我们接着按【P】键。

2 在出现的对话框中选中【多重合并计算数据区域】单选按钮。

3 单击【下一步】按钮。

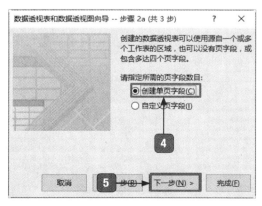

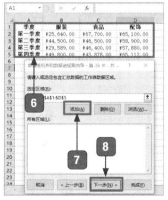

4 在出现的对话框中选中【创建单页字段】单选按钮。

5 单击【下一步】按钮。

6 在出现的界面中选中所需要修改的表

格内容。

7 单击【添加】按钮。

8 单击【下一步】按钮。

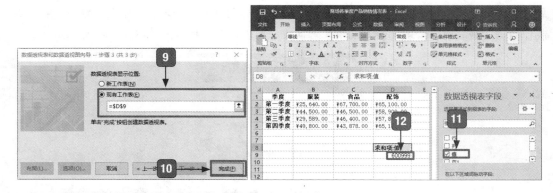

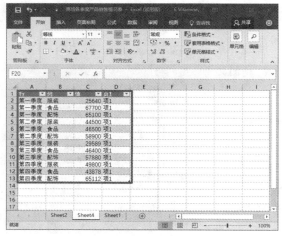

9 在出现的对话框中选中【现有工作表】单选按钮。

10 单击【完成】按钮。

11 在【数据透视表字段】任务窗口中，只需选中【值】复选框，其他选项取消选中。

12 双击【求和项：值】下方数字【600999】，即可将其转化为一维表。

8.2.3 删除数据源中的空行和空列

要制作数据透视表的数据，要求可能有一点点高，文件名中不但不能出现像"[]"这样的符号，而且数据源中也不能有空行、空列出现哦。

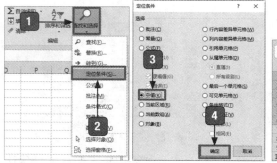

1 单击【开始】选项卡【编辑】组中的【查找和选择】按钮。

2 在下拉菜单中选择【定位条件】选项。

3 在【定位条件】对话框中选中【空值】单选按钮。

4 单击【确定】按钮。

5 图中灰色部分就是我们已经选中的要删掉的空值。

6 右击灰色选中部分，在弹出的快捷菜单中选择【删除】选项。

7 在【删除】对话框中选中【下方单元格上移】单选按钮。

8 单击【确定】按钮。

	A	B	C	D
1	季度	营业员A	营业员B	营业员C
2	第一季度	145660	175003	156650
3	第二季度	152010	155000	14567
4	第三季度	145620	120010	150056
5	第四季度	163350	140012	130012
6				

9 删除空行效果。

10 同样的，右击灰色选中部分，在弹出的快捷菜单中选择【删除】选项。在【删除】对话框中选中【右侧单元格左移】单选按钮，即可删除空列。

8.3 创建和编辑数据透视表

如何创建数据透视表，一定是数据透视表的核心所在啦，一起来学习吧！

8.3.1 创建数据透视表

看了那么多的条件和整理方法，是不是对创建数据透视表跃跃欲试了呢？哈哈，下面我就来教你怎样创建数据透视表吧！

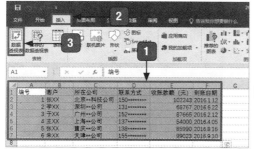

1 将你所需要转化的表格内容选中。

2 选择【插入】选项卡。

3 单击【数据透视表】按钮。

4 在【选择放置数据透视表的位置】栏中选中【新工作表】单选按钮。

5 单击【确定】按钮。

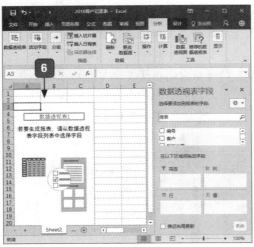

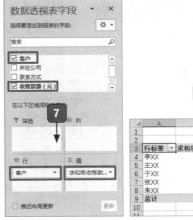

6 创建的数据透视表效果。

7 在数据透视表字段窗口中，将【客户】字段拖曳到【行】区域中，将【收账款额】字段拖曳到【值】区域中。

8 这样就能建立一个数据透视表了。

8.3.2 更改数据透视表布局

小白：我做的数据透视表看着怎么那么别扭呢？

大神：这好办啊，把数据的行、列位置换一下就可以啦，就是更改数据透视表的布局喽。

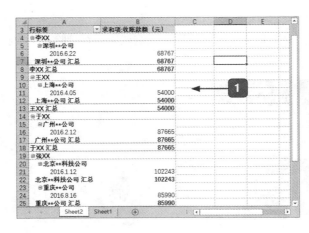

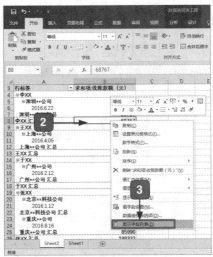

1️⃣ 打开"素材\ch08\2016客户记录表.xlsx"文件，在下方的工作表中单击【Sheet2】工作表。

2️⃣ 此时我们还需要用到【数据透视表字段】窗口，在表格任意部分右击。

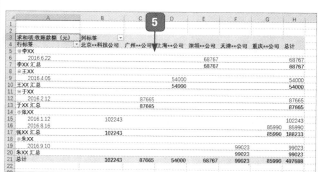

3️⃣ 在弹出的快捷菜单中选择【显示字段列表】选项。

4️⃣ 将【所在公司】字段拖曳到【列】区域中。

5️⃣ 修改过的透视表的布局样式效果。

8.3.3 更改字段名

有时候在做出来的数据透视表中有系统默认的字段名，我们可以根据数据需求对字段进行整理。

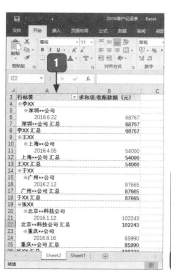

1️⃣ 打开"素材\ch08\2016客户记录表.xlsx"文件。

2️⃣ 按【Ctrl+H】组合键，打开【查找和替换】对话框，在【查找内容】文本框中输入【总计】，在【替换为】文本框中输入【收账款额总计】。

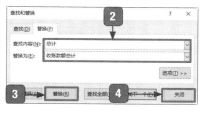

3️⃣ 单击【替换】按钮。

4️⃣ 单击【关闭】按钮。

5️⃣ 更改字段名效果。

163

8.3.4 更改数字的格式

小白：如果我想要表示数据的不同特点，比如数值最高和最低，或者统一加货币符号，那么多数据我该怎么办呢？

大神：哦，我们可以统一更改数字的格式，下面我来一步步教你！

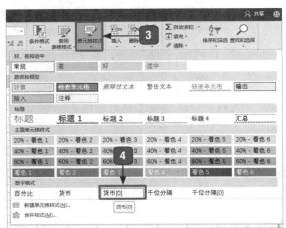

1️⃣ 打开"素材\ch08\2016客户记录表.xlsx"文件，选中所需要修改的数据部分。

2️⃣ 选择【开始】选项卡。

3️⃣ 单击【单元格样式】按钮，你可以看到在下拉菜单中有很多样式可供选择。

4️⃣ 选择【货币】数字格式。

5️⃣ 更改数字格式效果。

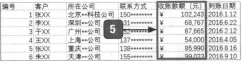

1️⃣ 同样地，选中需要修改的数据，单击【数字】组右下角按钮。

2️⃣ 在【数字】选项卡中的【分类】列表框中选择【数值】选项。

3️⃣ 在【负数】列表框中选择红色负数表示的数字。

4️⃣ 单击【确定】按钮。

5️⃣ 显示的红色负数数字效果。

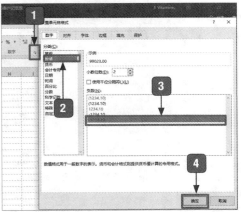

8.3.5 刷新数据透视表

小白：大神，我这里有一些数据需要更改，但是我做的数据透视表中的数据不能同步啊，该怎么办呢？

大神：这和平常我们刷新文件是一样的呀，很简单的！

1 打开"素材\ch08\2016客户记录表.xlsx"文件，单击【Sheet1】，将客户王××的收账款额改为【-104.00】。

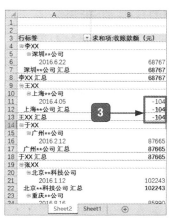

2 再次单击【Sheet2】，选中数据透视表中所有数据，在选中部分的任意区域右击，在弹出的快捷菜单中选择【刷新】选项，即可刷新数据。

3 刷新数据后的效果。

8.3.6 更改值的汇总依据

我们制作分类汇总的数据依据是系统默认的，而有时候想"特立独行"一下，那么【值字段设置】便是你最好的工具。

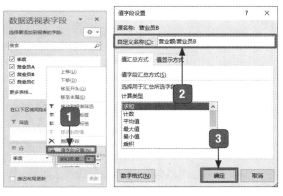

1 打开"素材\ch08\营业员各季度销售额.xlsx"文件，打开【数据透视表字段】窗口，单击【值】下拉列表框中的下拉按钮，选择【值字段设置】选项。

2 打开【值字段设置】对话框，在【自定义名称】文本框中将文本修改为【营业额：营业员 B】。

3 单击【确定】按钮。

4 更改值字段效果。

165

8.4 对数据透视表进行排序和筛选

有时候我们表中的数据很多、很乱，有的数据并不都是我们需要看的，那么就要用到数据的排序和筛选啦。

8.4.1 使用手动排序

数据量不是很大的时候，我们可以将某一些行列利用鼠标拖动进行快速排序。

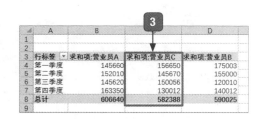

1. 打开"素材\ch08\营业员各季度销售额.xlsx"文件，选中要拖动的单元格，将鼠标指针移动到边框处，当指针变成 形状时，按住鼠标左键，拖动至你想要移动到的位置即可。
2. 此处我们移动至 B、C 列之间。
3. 手动排序效果。

8.4.2 设置自动排序

小白：哎呀，这个手动的太麻烦了，能不能自动排序呀？

大神：哼，知道你就想偷懒了，来我教你，我们一起偷懒呀！

1. 打开"素材\ch08\营业员各季度销售额.xlsx"文件，在【总计】行任意单元格处右击，在出现的快捷菜单中选择【排序】级联菜单中的【升序】选项。
2. 自动排序效果。

8.4.3 在数据透视表中自定义排序

1️⃣ 同上一节相似，此处我们将营业员每个季度的营业额进行排序，右击，在弹出的快捷菜单中选择【排序】级联菜单中的【其他排序选项】选项。

2️⃣ 在【排序选项】栏选中【升序】单选按钮。

3️⃣ 在【排序方向】栏选中【从左到右】单选按钮。

4️⃣ 单击【确定】按钮。

5️⃣ 自定义排序效果。

8.4.4 使用切片器筛选数据透视表数据

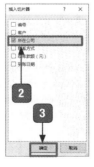

1️⃣ 单击【开始】→【筛选器】→【切片器】按钮。

2️⃣ 在【插入切片器】对话框中选中【所在公司】复选框。

3️⃣ 单击【确定】按钮。

4️⃣ 我们看到会弹出【所在公司】界面。

5️⃣ 在界面中任意选择一项，就能看到对某一公司的数据筛选结果啦。

8.5 对数据透视表中的数据进行计算

　　有时候数据透视表中的数据只是众多数据的汇总，并没有进行统计，那么我们就可以利用工具对其进行计算了。

8.5.1 对同一字段使用多种汇总方式

小白：数据透视表中汇总的数据显示方式太单一了呀，我还想表示另一种，怎么办呢？

大神：嘻嘻，把它复制一下，再改个"名称"。

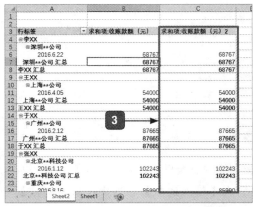

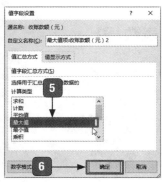
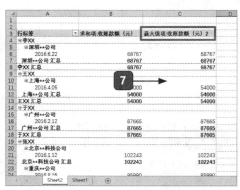

1 打开"素材 \ch08\2016 客户记录表 .xlsx"文件，单击数据透视表任意区域，打开【数据透视表字段】对话框。

2 将【收账款额（元）】字段拖动到【值】区域中。

3 同时，数据透视表中会出现【求和项：收账款额（元）2】。

4 在【数据透视表字段】对话框中【求和项：收账款额（元）2】处单击，在出现的菜单中选择【值字段设置】选项。

5 在【值字段设置】对话框中，设置计算类型为【最大值】。

6 单击【确定】按钮。

7 对同一字段使用多种汇总方式效果。

8.5.2 在数据透视表中使用计算字段和计算项

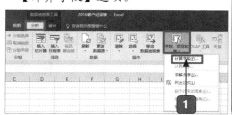

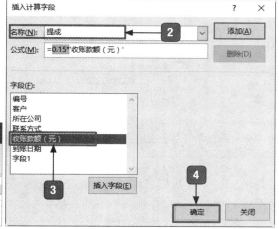

1 打开"素材 \ch08\2016 客户记录表 .xlsx"文件，单击数据透视表中任意位置，选择【数据透视表工具分析】选项卡，单击【字段、项目和集】按钮，在出现的菜单中选择【计算字段】选项。

2 打开【插入计算字段】对话框，在【名称】文本框输入【提成】。

3 双击【字段】列表框中的【收账款额（元）】，字段将会出现在【公式】输入框中，在【=】后面输入【0.15*】。

4 单击【确定】按钮。

5 使用计算字段效果。

8.6 一键创建数据透视图

数据透视表有了，但数据还是不够直观，不够好看，那就让数据透视图来帮你。

1 打开"素材 \ch08\2016 客户记录表 .xlsx"文件，选择【插入】→【数据透视图】→【数据透视图】选项。

2 我们能看到，在【插入图表】对话框中有很多可供选择的图形，这里我们选择【柱形图】选项卡中的【簇状柱形图】选项。

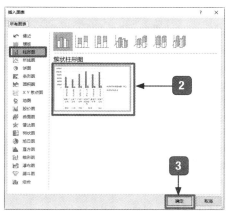

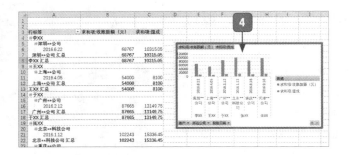

③ 单击【确定】按钮。

④ 一键创建数据透视图效果。

8.7 综合实战——各产品销售额分析报表

好啦，这一章我们重点知识和细节都已经讲述清楚了，你学会了吗？如果你在超市工作，老板让你做一个产品销售额分析表，能不能很熟练地做出来呢？试试吧！

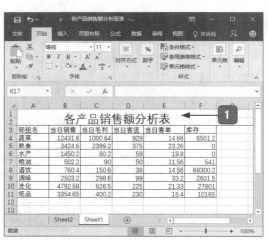

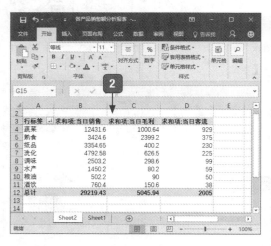

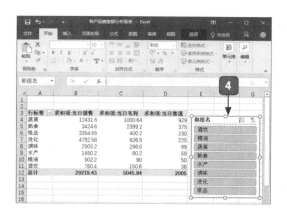

1 制作数据透视表。

2 对数据进行排序。

3 生成数据透视图。

4 利用切片器筛选数据。

痛点解析

痛点：将数据透视表转为图片

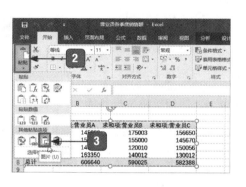

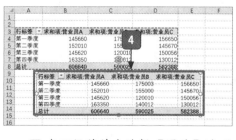

3 在下拉菜单中选择【图片】选项。

1 打开"素材\ch08\营业员各季度销售额.xlsx"文件，单击工作表标签【数据透视表】。

2 选中表格中所有内容，按【Ctrl+C】组合键复制数据透视表，单击【开始】→【剪贴板】→【粘贴】按钮。

4 即可粘贴为图片形式。

大神支招

问：打电话或听报告时如果有重要讲话内容，怎样才能快速、高效速记？

在通话过程中，如果身边没有纸和笔，或者在听报告时，用纸和笔记录的速度比较慢，都会导致重要信息记录不完整。随着智能手机的普及，人们有越来越多的方式对信息进行记

录，可以轻松甩掉纸和笔，一字不差高效速记。

1. 在通话中，使用电话录音功能

1 在通话过程中，点击【录音】按钮。

2 即可开始录音，并显示录制时间。

3 结束通话后，在【通话录音列表】中即可看到录制的声音，并能够播放录音。

2. 在会议中，使用手机录音功能

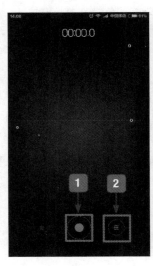
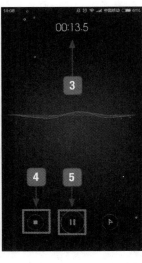

1 打开【录音机】应用，点击【录音】按钮。

2 单击该按钮，可打开【录音列表】界面。

3 即可开始录音。

4 点击【结束】按钮，结束声音录制。

5 打开【录音列表】界面，点击录音文件即可播放。

6 点击可暂停录音，再次点击可继续录音。

VBA 实现 Excel 的自动化

>>> 看到这个标题，你是否懵了？

>>> VBA 到底是个什么呢？

>>> 如何实现任务执行的自动化呢？

想知道这些吗？那就跟上我的节奏，去大展属
于你自己的 Excel "宏" 图吧！

9.1 认识宏

小白：大神，每次到了开发工具，我就开始懵了。

大神：啊哈，跟着我学了之后，只会觉得 VBA "萌" 而不是 "懵" 了。

9.1.1 宏的定义

车行驶有行车记录仪，人运动有计步器。在 Excel 里，宏就好比行车记录仪、计步器，它有一系列的函数与命令，能够记录你在 Excel 里面执行操作的结果。你可以创建并且去执行一个宏，以代替人工进行一系列费时而重复的操作。例如，在无数份的 Excel 表格里，你想要去改变它的字体，就可以创建一个宏，下次改动时只需要运行宏就可以执行这一操作，大大提高了工作的效率。

9.1.2 录制宏

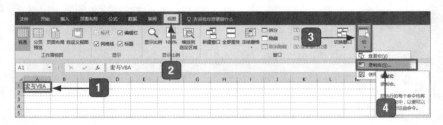

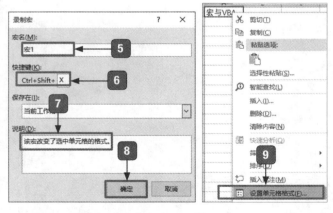

① 打开一个空白工作簿，在任意单元格中输入文本，如"宏与 VBA"。

② 选择【视图】选项卡。

③ 单击【宏】按钮。

④ 在出现的菜单中选择【录制宏】选项。

⑤ 在【录制宏】对话框里【宏名】文本框中输入名称。

⑥ 按住【Shift】键的同时在【快捷键】文本框中输入【X】。

⑦ 在【说明】文本框中对宏进行说明。

⑧ 单击【确定】按钮。

⑨ 选中输入文本的单元格并右击，在弹出的快捷菜单中选择【设置单元格格式】选项。

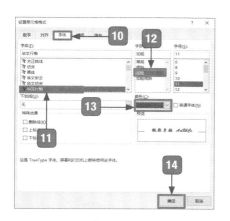

⑩ 选择【字体】选项卡。

⑪ 在【字体】列表框中选择【华文行楷】选项。

⑫ 在【字形】文本框中选择【加粗】选项。

⑬ 设置【颜色】为【紫色】。

⑭ 单击【确定】按钮。

⑮ 改变单元格格式后的效果。

⑯ 单击【宏】按钮。

⑰ 在出现的菜单中选择【停止录制】选项。

9.1.3 执行宏

① 选择任意一个单元格，输入文本。

② 单击【宏】按钮。

③ 在出现的菜单中选择【查看宏】选项。

④ 在【宏名】列表框中选择【宏1】选项。

⑤ 单击【执行】按钮。

⑥ 执行【宏1】后的效果。

175

9.2 Excel VBA 编译环境

小白：大神，听说我们这节要学习的是 VBA，可是我还不知道什么意思呢？

大神：VBA 的大名叫作"Visual Basic for Applications"，就是一种应用程序开发工具。

小白：那它有什么功能呢？

大神： VBA 的应用领域很广，如你的成绩管理、图书出租管理、彩票号码生成、企业员工工资管理等。

小白：听起来好神奇啊，它有什么特殊性吗？

大神： 有啊，VBA 像个长不大的孩子，无法脱离 Office 的怀抱而独立存在。

小白：调皮可爱的 VBA，赶快让我们走进它的世界吧！

9.2.1 打开 VBA 编辑器

1 选中 Excel 左下角【Sheet1】并右击。　　　　选项。

2 在弹出的快捷菜单中选择【查看代码】　　3 VBA 编辑器。

9.2.2 认识 VBA 编辑器

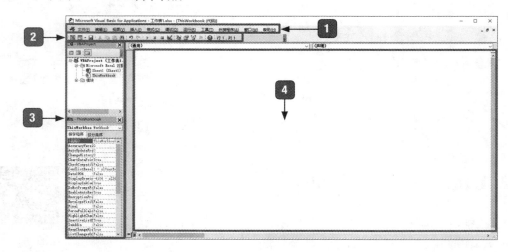

1 菜单栏。　　　　　　　　　　3 工程资源管理器。

2 工具栏。　　　　　　　　　　4 代码窗口。

　　工程资源管理器：所有被打开的 Excel 工作簿和录制的宏都会在工程资源管理器中显示，工程窗口最多显示了四类对象，有窗体对象、模块对象、类模块对象和 Excel 对象。

　　代码窗口：顾名思义，这个窗口是用来编辑代码的，工程资源管理器里每一个对象都有自己的代码窗口，只需双击即可打开对应的代码窗口进行编辑。

9.3 Excel VBA 程序及代码结构

　　说到程序问题想必大家都心生畏惧，其实 Excel VBA 的程序代码并不难，所以本章开始时我就想给大家吃一个"定心丸"。另外很多人问我，有宏的话，直接录制不就好了吗，为什么还要 Excel VBA 程序？原因就在于 VBA 代码可以开发更复杂的宏。

9.3.1 Excel VBA 程序

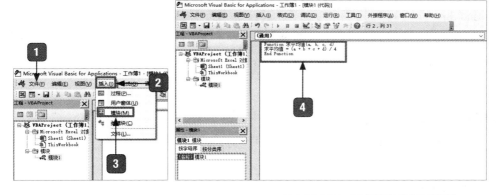

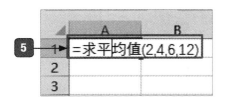

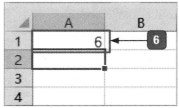

1 打开 Excel 程序，按【Alt+F11】组合键。

2 单击【插入】菜单项。

3 在出现的菜单中选择【模块】选项。

4 在代码窗口中输入代码：Function 关

键词 + 函数名 + （参数列表）+ 返回值。

5 按【Alt+F11】组合键返回 Excel 表格，在表格中输入【=求平均值(2,4,6,12)】。

6 按【Enter】键即可出现结果。

177

9.3.2 Excel VBA 代码结构

VBA 编程该怎么做？我们怎样才能编写一个 VBA 程序呢？

VBA 的代码结构应该是什么呢？我们可以从下面的例子及说明中给大家讲解。

代码示例：

```
Sub hello()
    MsgBox"Hello",vbokonly," 示例 "
End sub
```

用此代码输出"hello"。

Sub 是一种 VBA 过程，能够完成一定的操作，代码结构如下。

[Private | Public | Friend] [Static] Sub name [(arglist)]

[语句]

[Exit Sub]

[语句]

End Sub

代码中，[ ] 中间的内容作为可选内容，可以不输入内容。如果没有内容，则按照默认设置进行。

9.3.3 删除冗余代码

有的时候，用户想复制你的工作簿，但是又不想要带有宏代码的工作簿，怎么办？那就来使用如下的代码吧。

```
Sub DelMacro()
    Dim Wb As Workbook
    Dim FileName As String
    Dim Vbc As VBComponent
    FileName = ThisWorkbook.Path & "\DelMacro.xls"
    Application.EnableEvents = False
    Set Wb = Workbooks.Open(FileName)
```

```
For Each Vbc In Wb.VBProject.VBComponents
If Vbc.Type <> vbext_ct_Document Then
If Vbc.Name ="NowModule" Then
Vbc.CodeModule.DeleteLines 3, Vbc.CodeModule.CountOfLines - 4
Else
Wb.VBProject.VBComponents.Remove Vbc
End If
End If
Next
'Wb.Close True
Application.EnableEvents = True
End Sub
```

9.3.4 合并代码

录制宏要一段一段地录，要不然多余代码特别多，有时候会有 60% 的多余代码。

录制完成后，删除多余的代码，然后合并代码。

```
Sub 合并 ()
  宏 1
  宏 2
End Sub
```

9.4 综合实战——VBA 自动化案例

9.4.1 合并多表数据

第 1 步：打开一个空白工作簿，单击【Sheet1】并将其重命名为【首页】，单击【Sheet2】
并将其重命名为【合并汇总表】。

第 2 步：按【Alt+F11】组合键进入 VBA 编译环境，单击【插入】菜单项，在出现的菜单中选择【模块】选项。

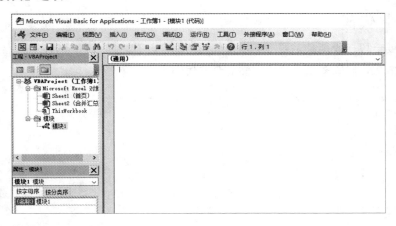

第 3 步：输入以下代码：

```
Sub CombineSheetsCells()
Dim wsNewWorksheet As Worksheet
Dim cel As Range
Dim DataSource, RowTitle, ColumnTitle, SourceDataRows, SourceDataColumns As Variant
Dim TitleRow, TitleColumn As Range
Dim Num As Integer
Dim DataRows As Long
DataRows = 1
Dim TitleArr()
```

```vba
Dim Choice
Dim MyName$, MyFileName$, ActiveSheetName$, AddressAll$, AddressRow$, Address
Column$, FileDir$, DataSheet$, myDelimiter$
Dim n, i
n = 1
i = 1
Application.DisplayAlerts = False
Worksheets(" 合并汇总表 ").Delete
Set wsNewWorksheet = Worksheets.Add(, after:=Worksheets(Worksheets.Count))
wsNewWorksheet.Name = " 合并汇总表 "
MyFileName = Application.GetOpenFilename("Excel 工作簿 (*.xls*),*.xls*")
If MyFileName = "False" Then
MsgBox " 没有选择文件！请重新选择一个被合并文件！ ", vbInformation, " 取消 "
Else
Workbooks.Open Filename:=MyFileName
Num = ActiveWorkbook.Sheets.Count
MyName = ActiveWorkbook.Name
Set DataSource = Application.InputBox(prompt:=" 请选择要合并的数据区域： ",
Type:=8)
AddressAll = DataSource.Address
ActiveWorkbook.ActiveSheet.Range(AddressAll).Select
SourceDataRows = Selection.Rows.Count
SourceDataColumns = Selection.Columns.Count
Application.ScreenUpdating = False
Application.EnableEvents = False
For i = 1 To Num
ActiveWorkbook.Sheets(i).Activate
ActiveWorkbook.Sheets(i).Range(AddressAll).Select
Selection.Copy
ActiveSheetName = ActiveWorkbook.ActiveSheet.Name
Workbooks(ThisWorkbook.Name).Activate
ActiveWorkbook.Sheets(" 合并汇总表 ").Select
ActiveWorkbook.Sheets(" 合并汇总表 ").Range("A" & DataRows).Value = ActiveSheetName
```

ActiveWorkbook.Sheets(" 合并汇总表 ").Range(Cells(DataRows, 2), Cells(DataRows, 2)).Select

Selection.PasteSpecial Paste:=xlPasteColumnWidths, Operation:=xlNone, _SkipBlanks:=False, Transpose:=False

Selection.PasteSpecial Paste:=xlPasteAll, Operation:=xlNone, SkipBlanks:= _False, Transpose:=False

Selection.PasteSpecial Paste:=xlPasteValues, Operation:=xlNone, SkipBlanks _:=False, Transpose:=False

DataRows = DataRows + SourceDataRows

Workbooks(MyName).Activate

Next i

Application.ScreenUpdating = True

Application.EnableEvents = True

End If

Workbooks(MyName).Close

End Sub

第 4 步：按【Alt+F11】组合键返回工作簿，在【视图】选项卡中单击【宏】按钮，选择【查看宏】选项。

第 5 步：单击【执行】按钮，打开【输入】对话框，在【请选择要合并的数据区域】文本框中根据表格内容选择区域，注意保证选择的区域要比工作表数据多一点。

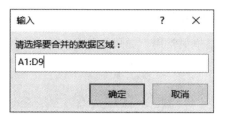

第 6 步：单击【确定】按钮，所有的代码将会在【合并汇总表】中显示。注意到 A 列的数据来自素材表中的哪个工作表。

第 7 步：选中所有数据，在【开始】选项卡中选择【排列和筛选】选项，单击【筛选】按钮，然后选择其中一个字段，如选择【数量】和【空白】，单击【确定】按钮，将鼠标指针移动到 A 列并右击，在弹出的快捷菜单中选择【删除】选项，即可完成合并多表数据。

9.4.2 实现自动高级筛选

高级筛选在 Excel 表格里很常用，如果将其与 VBA 结合起来会更神奇哦！

第 1 步：打开"素材 \ch09\ 公司清单表 .xlsx"文件。

	A
1	产品型号
2	photomart照片打印机
3	Pavilion 家用台式机
4	CD刻印机
5	photomart数码相机
6	Compaq显示机
7	photomart数码相机
8	Compaq显示器
9	Compaq显示器

第 2 步：输入以下代码。

```
Sub Filter()
    Sheet1.Range("A1").CurrentRegion.AdvancedFilter _
    Action:=xlFilterCopy, Unique:=True, _
    CopyToRange:=Sheet2.Range("A1")
End Sub
```

第 3 步：筛选不重复信息后的效果。

	A	B
1	产品型号	
2	photomart照片打印机	
3	Pavilion 家用台式机	
4	CD刻印机	
5	photomart数码相机	
6	Compaq显示机	
7	Compaq显示器	
8		

小白：学完了 VBA，我感觉自己上天了！

大神：小白上天要注意安全啊，你知道吗？在 VBA 中也需要安全设置，这样使用起来才更能降低宏的安全风险，这些往往用户却不知道。

小白：是吗？快教教我，我已经迫不及待想知道了。

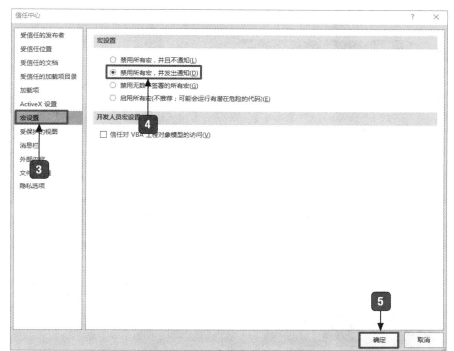

1️⃣ 选择【开发工具】选项卡。

2️⃣ 单击【宏安全性】按钮。

3️⃣ 在打开的对话框中选择【宏设置】选项。

4️⃣ 在【宏设置】栏中选中【禁用所有宏，并发出通知】单选按钮。

5️⃣ 单击【确定】按钮。

6️⃣ 打开含有宏的工作簿，系统会提示该工作簿的宏已被禁用。

大神支招

问：手机办公时，如果出现文档打不开或者打开后显示乱码，要如何处理？

　　使用手机办公打开文档时，可能会出现文件无法打开或者文档打开后显示乱码，这时候可以根据要打开的文档类型选择合适的应用程序打开文档。

1. Word/Excel/PPT 打不开怎么办

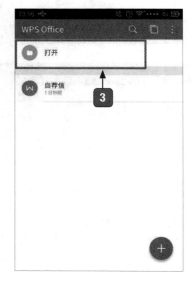

① 下载并安装 WPS Office，点击【打开】按钮。

② 点击【使用 WPS Office】按钮。

③ 点击【打开】按钮。

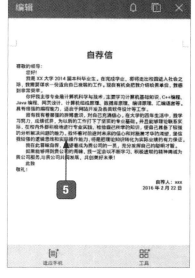

④ 选择要打开的文档。

⑤ 即可正常打开 Word 文档。

2. 压缩文件打不开怎么办

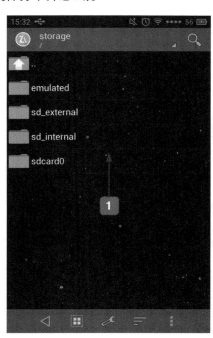

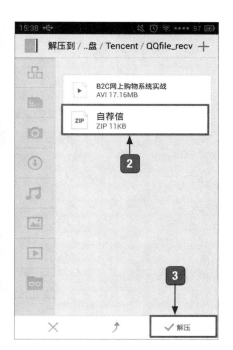

下载，安装并打开 ZArchiver 应用程序。

选择要解压的压缩文件。

点击【解压】按钮。

即可完成解压，显示所有内容。

>>> 想不想知道手机、平板电脑办公的优势有哪些？

>>> OneDrive 在 Office 办公中有什么作用，想知道吗？

>>> 如何选择适合自己手机的办公组件？

>>> 在手机中编辑 Word、Excel、PPT 文档的方法，你了解多少？

下面就开始学习 Office 在移动设备中的应用吧！

10.1 认识移动办公

移动办公也可称为"3A办公"，即办公人员可在任何时间（Anytime）、任何地点（Anywhere）处理与业务相关的任何事情（Anything）。这种全新的办公模式，可以让办公人员摆脱时间和空间的约束，随时进行随身化的公司管理和沟通，有效提高管理效率，推动企业效益增长。

1. 支持移动办公的设备

（1）手持设备。支持 Android、iOS、Windows Phone、Symbian 及 BlackBerry OS 等手机操作系统的智能手机、平板电脑等都可以实现移动办公，如 iPhone、iPad、华为手机等。

（2）超级本。超级本集成了平板电脑和 PC 的优势，携带更轻便、操作更灵活、功能更强大。

2. 移动办公的优势

（1）操作便利简单。移动办公只需要一部智能手机或平板电脑，操作简单、便于携带，并且不受地域限制。

（2）处理事务高效快捷。使用移动办公，无论出差在外，还是正在上、下班的路上，都可以及时处理办公事务。能够有效利用时间，提高工作效率。

（3）功能强大且灵活。信息产品发展及移动通信网络的日益优化，使很多要在计算机上处理的工作都可以通过移动办公的手机终端来完成。同时，针对不同行业领域的业务需求，可以对移动办公进行专业的定制开发，从而灵活多变地根据自身需求自由设计移动办公的功能。

3. 实现移动办公的条件

（1）便携的设备。要想实现移动办公，首先需要有支持移动办公的设备。

（2）网络支持。收发邮件、共享文档等很多操作都需要在连接网络的情况下进行，所以网络的支持必不可少。目前最常用的网络有 3G 网络、4G 网络及 Wi-Fi 无线网络等。

10.2 选择合适的 Office 软件

小白：大神师傅，手机上有很多类型的 Office 办公组件，哪一款是比较好用的？

大神：当然越接近你平时在电脑中使用习惯的越好用，并且选择那些大公司推出的移动办公组件，其功能也会更强大。

小白：比如微软的 Microsoft Word、Excel、PowerPoint，还有金山 WPS Office 移动版及苹果 iWork 办公套件，到底该如何选择？

大神：可以根据你的手机操作系统类型选择，如果是安卓系统的，平时习惯使用微软的 Office 组件，当然建议使用微软自己的移动 Office 产品；如果使用金山软件，可以使用金山 Office 移动版；但如果使用的是 iOS 系统，使用苹果公司的产品会更方便。

1. 微软 Office 移动版

微软推出了支持 Android 手机、iPhone、iPad，以及 Windows Phone 上运行的 Microsoft Word、Microsoft Excel 和 Microsoft PowerPoint 组件。与 Office 2016 办公套件相比，界面上有很大不同，但其使用方法及功能实现却是相同的。

 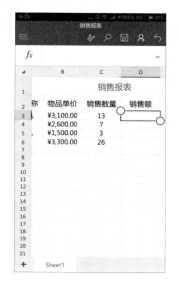 

2. 金山 WPS Office 移动版

WPS Office 移动版内置文字 Writer、演示 Presentation、表格 Spreadsheets 和 PDF 阅读器四大组件，支持本地和在线存储的查看与编辑。用户可以用账号登录，开启云同步服务，对云存储上的文件进行快速查看及编辑、文档同步、保存及分享等。下图所示为 WPS Office 中的表格界面。

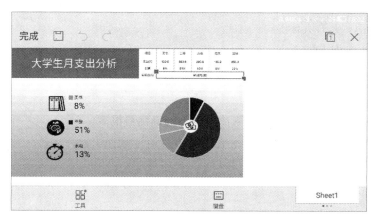

3. 苹果 iWork 办公套件

　　iWork 是苹果公司为 OS X 及 iOS 操作系统开发的办公软件，包含 Pages、Numbers 和 Keynote 3 个组件。其中 Pages 是文字处理工具，Numbers 是电子表格工具，Keynote 是演示文稿工具，分别兼容 Office 的三大组件。iWork 同样支持在线存储、共享等，方便用户移动办公。下图所示为 Numbers 界面。

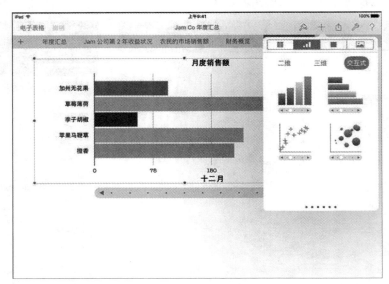

10.3 将文档备份到 OneDrive

小白： OneDrive 是什么，有什么优势？

大神： OneDrive 是由微软公司推出的一项云存储服务，可以通过 Microsoft 账户进行登录，并上传自己的图片、文档等到 OneDrive 中进行存储。无论身在何处，用户都可以访问 OneDrive 上的所有内容。

小白： 只能在 PC 端使用吗？

大神： 不是，有手机版本的，在手机中安装后，只要用同一账号登录，就能实现计算机和手机之间的同步，很方便。

小白： 那对于经常使用 Office 的办公人士来说，的确优势很多。

大神： 为了让你更高效办公，就给你介绍一下 OneDrive 的使用吧。

10.3.1 将计算机中的文档保存至 OneDrive

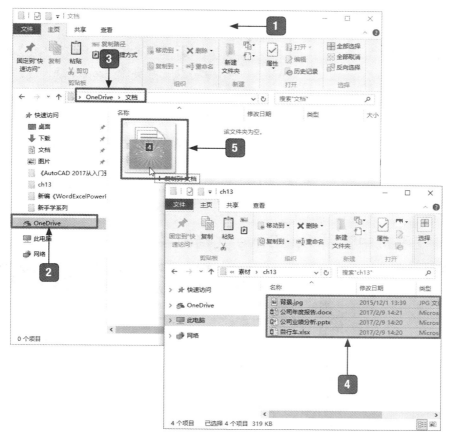

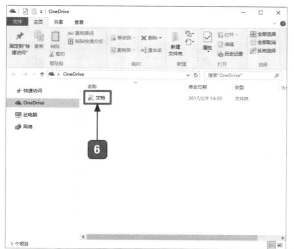

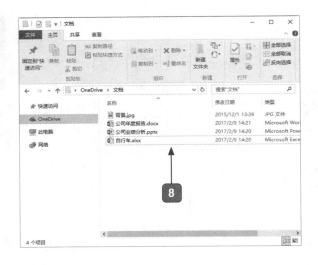

1 打开【此电脑】窗口。

2 选择【OneDrive】选项。

3 选择要保存文档的【文档】文件夹。

4 选择要保存至 OneDrive 的文件。

5 拖曳至要保存的文件夹。

6 文件夹将显示同步标志。

7 单击状态栏中的【OneDrive】图标，将显示同步进度。

8 同步完成，将显示上传的文档内容。

10.3.2 在手机中查看 OneDrive 文档内容

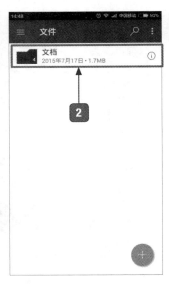

1 在手机中下载并安装 OneDrive，并使用同一账号登录，选择【文件】选项。

2 在出现的界面中选择【文档】文件夹。

3 在打开的界面中，即可查看到从 PC 端同步的文件。

10.4 编辑 Word 文档

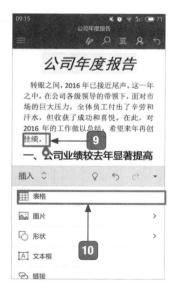

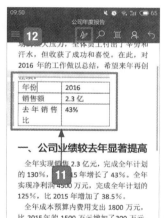

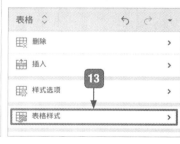

1 安装 Microsoft Word，打开通过 OneDrive 上传的 "素材 \ch10\ 公司年度报告 .docx" 文档。

2 点击【编辑】按钮。

3 选中标题文本。

4 点击【倾斜】按钮。

5 点击【突出显示】按钮。

6 点击【开始】按钮。

7 突出显示标题。

8 选择【插入】选项。

⑨ 将光标定位到插入表格的位置。

⑩ 点击【表格】按钮。

⑪ 插入表格并输入内容。

⑫ 点击【编辑】按钮。

⑬ 点击【表格样式】按钮。

⑭ 在出现的列表中选择一种样式。

⑮ 完成表格修改，文档会自动保存并更新至 OneDrive 中。

10.5 编辑 Excel 工作簿

  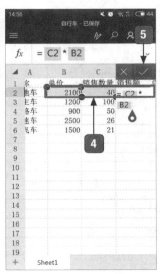

① 打开"素材 \ch10\ 自行车 .xlsx"文件，选择【D2】单元格。

② 点击【插入函数】按钮。

③ 在 D2 单元格中输入【=】。

4 点击【C2】单元格，并输入【*】，然 后再点击【B2】单元格。

5 点击【确定】按钮。

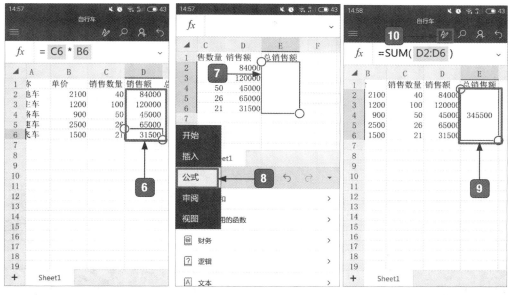

6 即可计算出结果，使用同样的方法计 算其他结果。

7 选中【E2】单元格。

8 点击【编辑】按钮，在出现的菜单中 选择【公式】选项。

9 选择【自动求和】公式，计算总销售额。

10 点击【编辑】按钮。

11 选择数据区域任意单元格。

12 点击【插入】按钮。

13 在出现的菜单中选择【图表】选项。

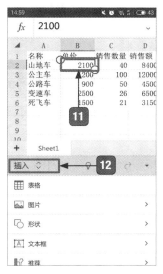

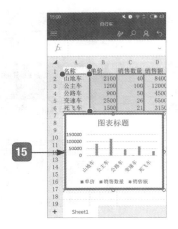

14 在出现的界面中，选择柱形
图图表类型。

15 完成图表的创建。

10.6 编辑 PPT 演示文稿

1 打开"素材 \ch10\ 公司业绩分析 .docx"文件。

2 点击【编辑】按钮。

3 选择【主题】面板。

4 在出现的列表中选择【红利】模板样式。

5 点击【新建】按钮，新建幻灯片页面。

6 即可应用【红利】模板样式。

7 删除幻灯片页面中的文本占位符。

8 点击【编辑】按钮。

9 选择【插入】选项。

10 在下拉列表中选择【图片】选项。

11 在出现的界面中选择【照片】选项。

12 在出现的界面中选择要插入的图片。

13 点击【确定】按钮。

14 根据需要旋转或裁剪图片,完成编辑
演示文稿的操作。

痛点解析

痛点 1：编辑后的文档，怎样快速发送给他人

在手机等设备中编辑 Office 文件后，可以直接保存在手机中，然后通过 QQ、邮箱等发送给其他用户，但是在添加附件时，找到文档存储的位置会比较麻烦，有什么快速的方法可以分享文档吗？

① 点击【分享】按钮。

② 在出现的界面中，选择【演示文稿】选项。

③ 在出现的界面中，选择共享文件的方式。

④ 在出现的界面中，选择要共享的用户，点击【分享】按钮即可。

痛点 2：用手机编辑文档后，能否使用移动设备直接将文档打印出来

使用手机可以轻松处理 Office 文档，也可以直接通过手机连接打印机进行打印，一般较为常用的有两种方法。

一种是手机和打印机同时连接同一个网络，在手机端和 PC 端分别安装打印机共享软件，实现打印机的共享，如打印工场、打印助手等。

另一种是通过账号进行打印，不局限于局域网内，但是仍需要手机和计算机同时联网，手机软件通过账号访问 PC 端打印机进行打印，最为常用的就是 QQ。使用 QQ 打印时，需要手机端和 PC 端同时登录同一 QQ，且 PC 端已正确安装打印机及驱动程序。

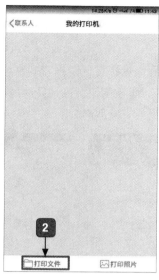

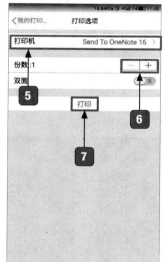
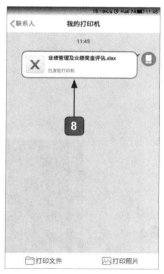

1 登录手机QQ，在【我的设备】下选择【我的打印机】选项。

2 点击【打印文件】按钮。

3 如果【最近文件】列表中没有要打印的文件，点击【全部文件】按钮，从手机中可以选择其他文件。

4 选择要打印的文件。

5 选择打印机。

6 设置打印份数。

7 点击【打印】按钮。

8 即可将文档发送至打印机并打印。

🎓 大神支招

问：遇到重要的纸质资料时，如何才能快速地将重要资料电子化至手机中使用？

纸质资料电子化就是通过拍照、扫描、录入或 OCR 识别的方式将纸质资料转换成图片或文字等电子资料进行存储的过程。这样更便于携带和查询。在没有专业的工具时，可以使用一些 APP 将纸质资料电子化，如印象笔记 APP 也可以使用其扫描摄像头对文档进行拍照并进行专业的处理，处理后的拍照效果更加清晰。

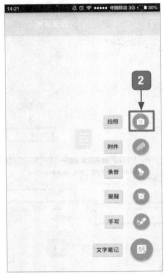

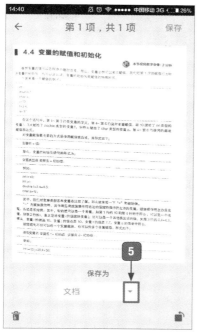

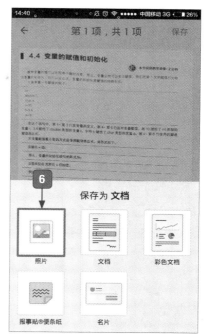

[1] 点击【新建】按钮。

[2] 在出现的界面中点击【拍照】按钮。

[3] 对准要拍照的资料。

[4] 印象笔记会自动分析并拍照，完成电子化操作。

[5] 点击【保存为】下的下拉按钮。

6 在出现的界面中选择【照片】类型。

7 点击【我的第一个笔记本】图标。

8 点击【新建笔记本】按钮。

9 输入笔记本名称。

10 点击【好】按钮。

11 输入笔记标签名称。

12 点击【确认】按钮，完成保存操作。

第十一章

办公效率是这样提升的
——移动办公技巧

>>> 如何管理邮箱，做到工作、生活两不误？
>>> 不使用数据线，快速将计算机中的文档发送至手机的方法，你知道吗？
>>> 网盘在提高移动办公效率方面有什么用途？
>>> 使用 QQ 提升办公效率的技巧，你知道多少？

来吧，带你学习提升办公效率的秘诀！

11.1 在手机中处理邮件

收发邮件是移动办公中常用的方式，通过电子邮件不仅可以发送文字信件，还可以以附件的形式发送文档、图片、声音等多种类型的文件，也可以接收并查看其他用户发送的邮件。

11.1.1 配置邮箱

QQ 邮箱全面支持邮件通用协议，不仅可以管理 QQ 邮箱，还可以添加多种其他邮箱。

1. 添加邮箱账户

小白：大神，我有生活和工作两个邮箱，有办法同时登录两个邮箱吗？

大神：可以啊，使用手机 QQ 邮箱就能添加并管理多个不同的邮箱账户类型。

小白：只需添加一次邮箱，就能够同时管理多个邮箱？

大神：对的，还可将常用的邮箱设置为主邮箱，更方便发送、接收和管理邮件。

小白：懂了，怎么设置？快讲讲。

 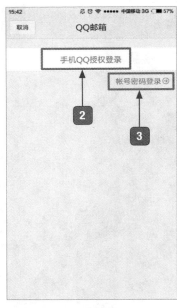 

1 进入 QQ 邮箱应用主界面，选择要添加的邮箱类型。

2 点击【手机 QQ 授权登录】按钮。

3 点击【账号密码登录】按钮，可通过输入账号和密码的形式添加账户。

4 在出现的界面中点击【登录】按钮。

⑤ 点击【选项】按钮。

⑥ 在出现的菜单中选择【设置】选项。

⑦ 在出现的界面中，点击【添加账户】选项。

⑧ 在【添加账户】界面中选择邮箱种类，可选择不同的邮箱类型，并输入账号和密码。

⑨ 完成多账户添加的邮箱界面。

2. 设置主账户邮箱

1️⃣ 在【设置】界面选择要设置为主账户的邮箱。

2️⃣ 点击【设为主账户】按钮。

11.1.2 编辑并发送邮件

配置邮箱完成后，就可以编辑并发送邮件，默认情况下邮件将会以主账户邮箱发出。

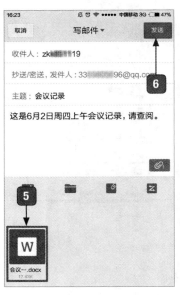

1. 点击【选项】按钮。
2. 在出现的菜单中选择【写邮件】选项。
3. 输入收件人、主题及邮件内容。
4. 点击【添加附件】按钮。
5. 选择要发送的附件。
6. 点击【发送】按钮。
7. 在出现的界面中选择【已发送】选项。
8. 即可看到发送的邮件。

11.1.3 查看并回复邮件

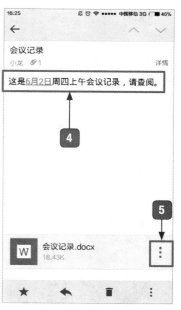

1. 点击【选项】按钮。
2. 选择要查看的邮箱。
3. 在出现的界面中点击要查看的邮件。
4. 查看邮件详细内容。
5. 点击【选项】按钮。

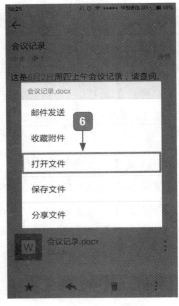

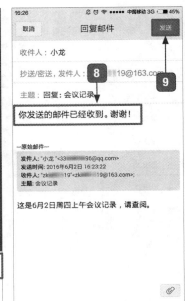

⑥ 在出现的界面中选择【打开文件】选项，即可打开文件。

⑦ 如果要回复邮件，点击【回复】按钮。

⑧ 在回复邮件中输入回复内容。

⑨ 点击【发送】按钮。

11.1.4 转发邮件

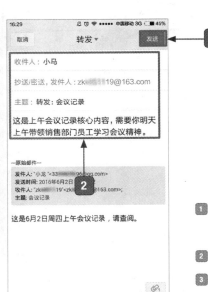

① 单击邮件底部的【回复】按钮，选择【转发】选项。

② 输入收件人信息及内容。

③ 单击【发送】按钮。

11.2 不用数据线，计算机与手机文件互传

小白：大神，有数据线没，我要从计算机中复制点资料。

大神：你太 Out 了，现在传文件还用数据线。

小白：不用数据线，怎么传？

大神：用 QQ 文件助手、360 手机助手等都可以，使用 QQ 需要在 PC 端和手机端同时登录同一个 QQ 账号，使用 360 手机助手，需要在手机和计算机中同时打开 360 手机助手，并且使用无线连接将计算机和手机连接起来就行了。

小白：传输速度快吗？

大神：在同一 Wi-Fi 环境下进行文件传输，高传输速度很快的。

小白：快操作一下，让我学习学习。

大神：不要急，QQ 文件助手、360 手机助手使用方法类似，就用 QQ 介绍吧，一通百通。

1. 计算机传文件到手机

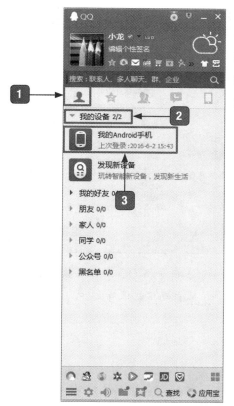

1 在 QQ 界面中点击【联系人】按钮。

2 展开【我的设备】选项。

3 点击【我的 Android 手机】按钮。

4 在小龙的 Android 手机界面中点击【打开】按钮。

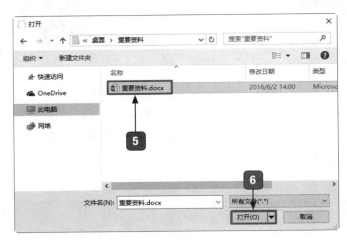

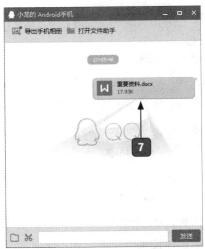

提示：

　　直接选择要发送到手机中的文档，并将其拖曳至窗口中，释放鼠标左键，即可完成文档的发送。

⑤ 选择要传送到手机的文件。

⑥ 点击【打开】按钮。

⑦ 在出现的界面中即可看到上传的文件。

⑧ 在手机 QQ 中即可收到提示信息，并自动下载保存文件。

2. 手机传文件到计算机

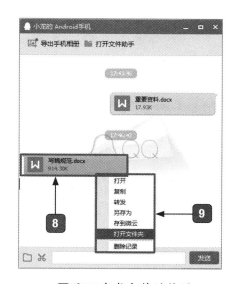

1️⃣ 点击【联系人】按钮。

2️⃣ 展开【我的设备】选项。

3️⃣ 点击【我的电脑】按钮。

4️⃣ 在出现的界面中点击【文件】按钮。

5️⃣ 在手机中选择要传送到计算机的文件。

6️⃣ 点击【发送】按钮。

7️⃣ 即可完成文件的传送。

8️⃣ 在 PC 端即可看到手机传送的文件，选中文件并右击。

9️⃣ 即可在弹出的快捷菜单中执行打开、另存为、转发等操作。

11.3 使用网盘提升办公效率

使用百度网盘，可以快速将计算机中的文件上传至百度网盘，通过手机端的百度云盘，也可以查看、下载或上传编辑后的文档。

11.3.1 在 PC 端上传要备份的文件

1. 最便捷的方法——直接拖曳上传

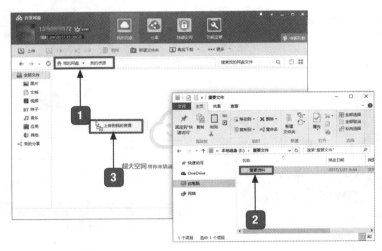

① 在百度网盘中打开文件要上传到的位置。

② 选择计算机中要上传的文件或文件夹。

③ 选中文件或文件夹后，按住鼠标左键

并拖曳至百度网盘中，即可开始上传文件。

2. 最常用的方法——通过对话框上传

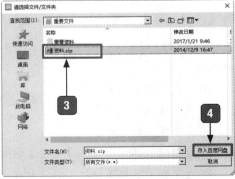

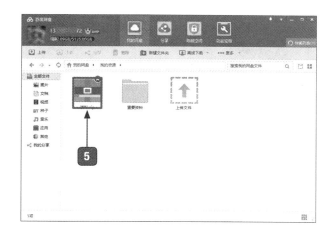

1. 打开文件要上传到的位置，点击【上传文件】按钮。

2. 也可以点击【上传】按钮。

3. 选择要上传的文件。

4. 点击【存入百度网盘】按钮。

5. 即可开始上传文件。

11.3.2 在网盘中用手机查看、下载和上传文件

1. 使用手机查看网盘中的文件

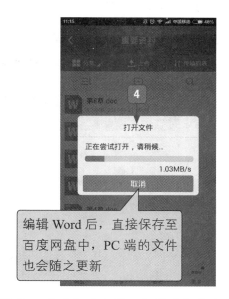

编辑 Word 后，直接保存至百度网盘中，PC 端的文件也会随之更新

1. 在手机中安装百度网盘 APP，并查找到要查看文件的存储位置。

2. 选择要查看的文件。

3. 点击【打开】按钮。

4. 即可尝试打开文件，如果手机中安装有支持 Word 的 APP，即可直接打开并查看文档。

2. 在手机中下载文件

1. 选择要下载的文件或文件夹。

2. 点击【下载】按钮。

3. 进入【传输列表】界面即可查看下载进度。下载完成即可保存至手机中。

3. 上传手机中的文件至百度网盘

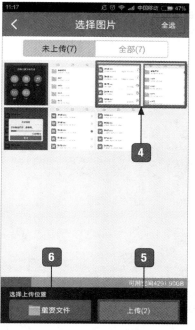

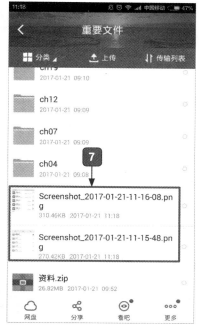

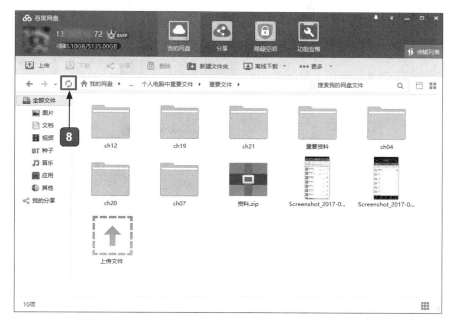

① 在百度网盘中选择文件要上传到的文件夹。

② 点击【上传】按钮。

③ 选择上传文件类型，这里点击【图片】类型。

④ 选择要上传的图片。

⑤ 点击【上传】按钮。

⑥ 点击该按钮可更改上传到的文件夹。

⑦ 即可将手机中的图片上传至手机版百度网盘中。

⑧ 在 PC 版百度网盘界面单击【刷新】按钮。

⑨ 即可显示手机上传的图片。

11.4 使用手机 QQ 协助办公

QQ 不仅具有实时交流功能，还可以方便地传输文件或共享文档，是移动办公的好帮手，可以大大提升移动办公的效率。

11.4.1 将文档发送给其他人

1. 最便捷的方法——利用发送功能

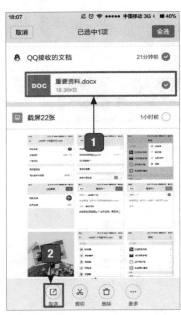

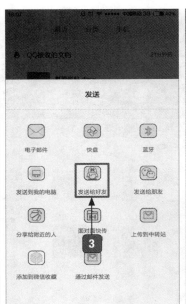

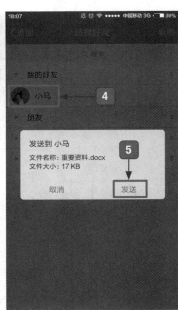

① 选择要发送的文件。

② 点击【发送】按钮。

③ 点击【发送给好友】QQ 图标。

④ 选择要发送给的好友。

⑤ 点击【发送】按钮。

2. 最常用的方法——使用聊天窗口

① 打开与 QQ 好友的聊天界面，点击【添加】按钮。

② 点击【文件】按钮。

③ 选择要发送的文件。

④ 点击【发送】按钮。

⑤ 即可将文件发送给好友。

11.4.2 创建并分享名片

1. 创建自己的名片

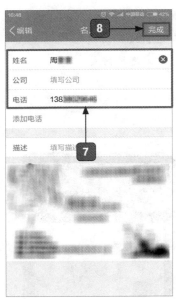

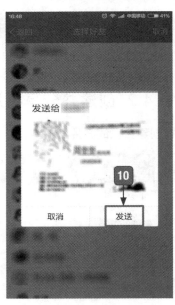

1️⃣ 点击个人头像。

2️⃣ 在出现的界面中，选择【我的名片夹】选项。

3️⃣ 在出现的界面中，选择【我的名片】选项。

4️⃣ 在出现的界面中，点击【添加名片】按钮。

5️⃣ 在出现的界面中，选择【拍名片】选项。

6️⃣ 在出现的界面中，点击【拍照】按钮。

7️⃣ 拍照之后将会识别名片内容，如果有误，可以手动修改。

⑧ 点击【完成】按钮。

⑨ 在出现的界面中点击【分享我的名片】

按钮。

⑩ 选择联系人，点击【发送】按钮。

2. 添加并分享名片

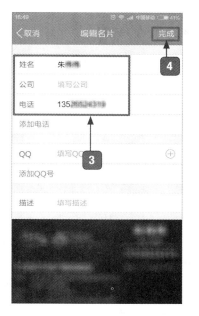

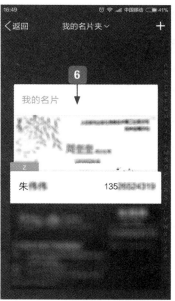

1 点击【添加第一张名片】按钮。

2 选择【拍名片】选项。

3 拍照之后将会识别名片内容，如果有误，可以手动修改。

4 点击【完成】按钮。

5 点击【分享名片】按钮，即可分享名片。

6 完成名片的添加和保存。

痛点解析

痛点：如果不会打字，或者打字速度慢，太复杂的应用又不会，要如何提升办公效率

　　遇到这种情况，可以通过在线语音的形式提升办公效率，如使用 QQ 的语音聊天功能，或者是使用微信的语音功能。

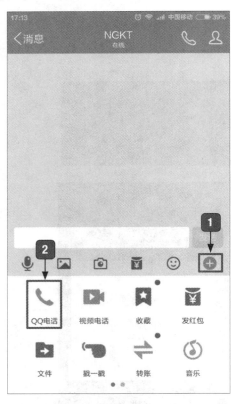

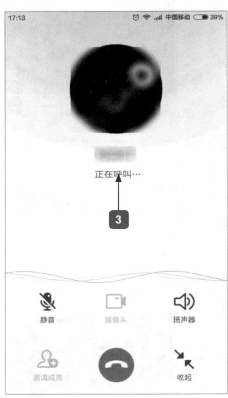

1 打开 QQ 聊天界面，点击【添加】按钮。

2 点击【QQ 电话】按钮。

3 等待对方接受呼叫。

4 对方接受之后，即可开始语音办公。

5 点击【挂断】按钮即可结束语音通话。

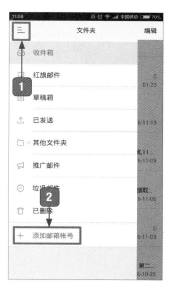

![大神支招]

问：有多个邮箱，怎样才能高效管理所有的邮箱？

　　有些邮箱客户端支持多个账户同时登录，如网易邮箱大师，登录多个邮箱账户后，不仅可以快速在多个账户之间切换，还可以同时接收和管理不同账户的邮件。

223

<table>
<tr><td>1 在网易邮件大师主界面点击【选项】按钮。</td><td>4 点击【登录】按钮。</td></tr>
</table>

1 在网易邮件大师主界面点击【选项】按钮。

2 点击【添加邮箱账号】按钮。

3 输入邮箱账号及密码。

4 点击【登录】按钮。

5 点击该按钮，将显示添加的所有账户。

6 默认情况下将显示新添加的账号。

7 选择其他账户，即可进入其他邮箱界面。